美，就是回来做自己

董宁宁 著

当代世界出版社
THE CONTEMPORARY WORLD PRESS

图书在版编目（CIP）数据

美，就是回来做自己 / 董宁宁著. -- 北京：当代
世界出版社，2024.3
ISBN 978-7-5090-1799-9

Ⅰ. ①美… Ⅱ. ①董… Ⅲ. ①美学-通俗读物 Ⅳ.
①B83-49

中国国家版本馆 CIP 数据核字（2024）第 002412 号

书　　名：美，就是回来做自己
作　　者：董宁宁
监　　制：吕　辉
责任编辑：李俊萍
特约编辑：朱　敬
出版发行：当代世界出版社有限公司
地　　址：北京市东城区地安门东大街 70-9 号
邮　　编：100009
邮　　箱：ddsjchubanshe@163.com
编务电话：(010) 83908377
发行电话：(010) 83908410 转 806
传　　真：(010) 83908410 转 812
经　　销：新华书店
印　　刷：廊坊市印艺阁数字科技有限公司
开　　本：880 毫米×1230 毫米　1/32
印　　张：6.25
字　　数：100 千字
版　　次：2024 年 3 月第 1 版
印　　次：2024 年 3 月第 1 次
书　　号：ISBN 978-7-5090-1799-9
定　　价：86.00 元

目　录

卷 一

瑜伽

——生命的美好从呼吸开始

没有呼吸，人活不了，但呼吸却又如此"寻常"，以致我们往往忽略了它的存在。借由这门课，你可以尝试沉静下来，关注和倾听自己的呼吸，练习呼吸，感受呼吸是多么"非比寻常"的美好。

"风雨满空霏，总得江山妙。洗出湖光镜似明，不受纤尘涴。心事竟堪凭，天意真难料。呼吸丰年顷刻间，也合轩渠笑。"南宋理学家魏了翁所作《卜算子》道出天地万物，无不是于呼吸间明朗壮丽起来。

呼吸谁不会？还用练习吗？

是的，呼吸喘气谁都会，但你有没有想过，我们每天的气是怎么喘的？有没有注意到，我们平时的呼吸多是胸式呼吸，是浅而短促的？现代人的生活状态也常常是忙得"喘不过气"来。

没有呼吸，人活不了，但呼吸却又如此"寻常"，以致我们往往忽略了它的存在。借由这门课，你可以尝试静下来，关注和倾听自己的呼吸，练习呼吸，感受呼吸是多么"非比寻常"的美好。

无论瑜伽、太极还是养生健体，都要求善于运用呼吸，就连武术也讲究"外练筋骨皮，内练一口气"，那口气，就是呼吸。

呼吸是生命存在的基本特征之一，更是生命的艺术。

所谓练习呼吸，便是意识到呼吸的存在，并将呼吸功能作为身体与意念（或说身与心）交流的桥梁。更进一步来说，练习呼吸，是借由呼吸的深化和调节呼吸的各种频率，来平衡我们的身心，从而平衡我们的生活。

练习呼吸，是"清理"自己的过程，让负面能量从身体内一点点排出来。学会呼吸，在呼吸间举重若轻，在呼吸间观照自己，慢慢将内心调理得柔软而安静。当身和心彻底放松下来，我们会发现不一样的自己和不一样的世界。

你准备好和最美好的自己相遇了吗？我们要出发喽！

第一节　呼吸——追本溯源

将瑜伽练习法与形体礼仪训练结合是一种新的尝试，瑜伽体式锻炼可以提高身体的柔韧度和整体素质。

瑜伽练习法注重通过呼吸的练习，帮助我们的思想与心境保持良好的状态，这一点与中国传统文化中太极的吐纳有异曲同工之妙。本节主要介绍瑜伽的基本呼吸方法及控制要领。

一、瑜伽的呼吸

呼吸就像是沟通身体和精神的桥梁，对身体练习起着至关重要的作用。呼吸也可以是一种单独的练习，在练习时配合不同的坐姿或站姿，会起到事半功倍的效果。

呼吸练习前的准备

练习的地点尽量选择干净、通风良好、安静的室内或室外场所。

练习的时间最好是在清晨、日落后或是睡前，尽量每天都在同一时段练习。

选择一个舒适、稳定的姿势，保持端正的身体姿态，可以根据不同的呼吸练习采用不同的姿势——站姿、坐姿或卧姿。

呼吸通常用鼻子进行，除非有特殊要求时才会用嘴呼吸。用鼻呼吸的方法可以过滤和温暖空气。在练习时保持鼻孔清洁、面部放松。

进行呼吸练习时尽量空腹，或在饭后 3-4 小时练习。练习前不要饮酒。

二、呼吸的方法

1. 胸式呼吸

许多人使用胸式呼吸，即通过扩张和收缩上肺和中肺进行气体交换。胸式呼吸的特点是肋骨在每次吸气时向外扩张，呼气时向内收缩。充分的胸式呼吸可以刺激神经系统，增加肺活量，并有助于改善哮喘等疾病的症状。

人们平时的呼吸都是胸式呼吸，往往是浅而短促的，呼气时气息没有完全呼出，吸气时气息不能完全充满双肺，自然也不能给身体带来更多的氧气。

现在让我们一同试试，先将双手轻放于肋骨两侧，将身体里的废气缓缓吐出，1，2，3……然后让我们进行一次饱满的吸气，吸气时想象肋骨像一片花瓣，从包裹的花蕾中缓缓张开……

2. 腹式呼吸

腹式呼吸是一种最原始的呼吸方式，之所以这么讲是因为每个人在出生时都是用腹式呼吸，在幼年时期也是如此。当人们在成长过程中遇到不同的神经刺激后，呼吸的方式也会发生改变，有些人身体比较健康，在成年后也能保持腹式呼吸。

尝试一下，来一次腹式呼吸，吸气时感觉腹部向外扩张，呼气时腹部向内收缩，在此呼吸训练中保持胸部不动，感受气息向下沉入丹田……

腹式呼吸可以使膈肌有规律地上下运动，膈肌是帮助肺部扩张的主要原动肌之一。我们在吸气时，膈肌收缩下沉，腹部向外扩张，使肺叶中下部完全打开，充满气息；我们在呼气时，腹部跟随向内收缩，膈肌舒张上推，辅助将肺部的气息呼出体外。

经常练习腹式呼吸可以安神益智、稳定情绪、扩大肺活量、改善心肺功能、按摩脏器（如胃、肝、脾等），以及刺激小肠和大肠的蠕动，加强消化和排泄功能。

3. 胸腹式呼吸

胸腹式呼吸在瑜伽中也被称为完全呼吸，是胸部和腹部呼吸的结合。完全呼吸的特点是，每次吸气时，首先用腹式呼吸使气息充满肺叶下部，然后衔接胸式呼吸，使肺叶的中上部也打开——也就是吸气时先使腹部扩张，再使胸部肋骨扩张；呼气时先使胸部肋骨回落，再使腹部收缩回落。练习完全呼吸时气息一定要自然顺畅，不能有明显的间断。

在瑜伽中，完全呼吸被认为是可以充分激活肺部，兼具胸式呼吸与腹式呼吸优点的最佳呼吸方式。

4. 瑜伽体式练习中的呼吸

很多人在练习体位时很武断地认为所有的体式只要配合深呼吸就好，其实并不是所有的体式都需要配合深呼吸完成的。在练习瑜伽体式的过程中应是没有任何不适感的，呼吸也是如此，保持自然轻松的呼吸即可。

练习体式时不要强求动作"到位"，而应关注呼吸是否顺畅没有阻碍，肌肉与骨骼的伸展是否正确。因此，在练习体式时应根据体式的变化改变自身的呼吸方式，同时面部和牙齿都应始终保持放松的状态。

三、呼吸的控制

我们以主观意识控制呼吸，即通过嘴唇、舌头、腹腔等身体器官控制气息的这个过程称为调息。调息可以使我们集中注意力，内心宁静。在练习调息时，最好选择合适的坐姿或是卧姿，跟呼吸练习一样，良好的坐姿可以使呼吸更加顺畅，也能使呼吸的控制练习更加到位。

1. 收束法

收束法的目的：第一，使能量输送到需要的部位；第二，避免因能量混乱而导致的能量消耗；第三，刺激特定的腺体并唤醒相关脉轮。

呼吸的收束法主要有以下三种：

（1）收颌收束法

呼吸时，胸部始终要挺起，把下巴抵向胸部，就像要刻意做出"双下巴"的动作。

（2）会阴收束法

收缩肛门、生殖器至下腹部的肌肉，自然地呼吸，时间随意。

（3）腹部收束法

这个方法通常与呼气同时进行。将腹部肌肉向内、向上收缩，使内脏通过横膈膜向后上方的脊背部位牵拉，脊柱延展向上，腹部感觉完全凹下去。

2. 呼吸的控制之"悬吸"

悬吸是在呼吸之间自然形成或有意识控制形成的一个短暂的屏息。内悬吸和外悬吸是悬吸的两种形式。内悬吸是将体内吸满气体，屏住不呼；外悬吸是将体内气体全部呼出后，凝气不吸。能在呼吸中加入悬吸，说明练习者已经进入一个更高的练习阶段，也为之后难度更大的呼吸控制练习做好了准备。

在练习悬吸时应注意不要让精神与身体处于紧张状态。屏气的最终目的是帮助神经系统恢复活力，因此必须在精神放松的情况下进行。如果练习得当，屏气会帮助练习者的身体、情绪、精神安定下来。

多练习悬吸可以显著强化练习者的呼吸系统。一个更强大的呼吸系统能够接收更多氧气，活跃练习者的神经系统，使练习者的其他器官更加积极地工作。此外，绵长的呼吸可以牵引横膈膜上下移动，横膈膜的移动能够按摩腹部的脏器，使人体气机通畅，心情舒畅，还可以促进排泄系统高效运行。

你或许不知道，在我们的腹部有一个知觉中心。我们很少去留意、倾听自己的身体，这就是我们的身体变得麻木和迟钝的原因。因此，唤醒我们知觉的第一步是学习腹式呼吸，这不仅可以改善很多人暴饮暴食的不良习惯，还有平静心灵的作用。

很多人不知道如何正确呼吸，坐着时脊柱像弓一样弯曲，这会使我们的胸腔不能扩张，肺部像被压缩的海绵，空气无法进入。

刚开始我们要有意识地专注呼吸，学习控制呼吸，但到了深入练习阶段就必须放弃控制，因为控制呼吸反而容易让人紧张。放弃控制呼吸是真正放松的开始。放松是需要功夫的。

两分钟禅修

练习呼吸是一个循序渐进的过程，想要练好就要持之以恒。我们需要时刻提示自己，坐直或站直，胸腔打开，脊柱挺直。呼吸时需要注意姿势，学会用胃、肚脐和横膈膜呼吸。尽可能注意呼吸的进出，只要稍稍留意，你就能使自己平静下来。当你尝试用横膈膜缓慢呼吸，你的心将会逐渐变得平静。不少人练习呼吸后，认为对自己的情绪管理有很大帮助，这便是来自体内的变化。普通成年人在正常状态下每呼吸一次需要4秒钟，若能延长至6秒钟，对身体健康有益。

很多人会说:"我很忙!没空静坐!"有静坐经验的人都明白,我们的心灵其实有很多空闲时间。比如说,在等公交车时,你的心也在忙碌吗?你当然可以站着只是数你的呼吸。因此,对于忙碌的现代人而言,等待公交车、排队看病、开会前、用餐前、旅行时……很多零星的时间可以被用作两分钟禅修。有条件的话每隔两小时做一次,聚沙成塔,将使你受益无穷。你可以站着或者坐着,只要保持背部、颈部和头部挺直,用腹式呼吸就可以。在这两分钟里,不去考虑其他任何事,只注意你的呼吸,感受气息进入鼻孔的状态即可。

放空的力量

逆风的时候,更能够清晰感知自己在前进。觉察到内心不淡定时,端正姿势,来个大大的深呼吸。深呼吸是转换心情最简单的秘密武器。只要深呼吸,心就会不可思议地平静下来,慢慢的,内心会练得柔软而强大。

在紧张焦虑时,呼吸一定是浅而短促的。下次当你被一些"冷静下来后发现不过是小事"的问题影响,反应过度、情绪激动时,尝试一下深呼吸吧!

倾听大自然的呼吸

学会倾听自己的呼吸后，我们可以更多尝试倾听大自然的呼吸。

比如，趴伏在土地上，聆听大地的呼吸；匍匐在海滩上，聆听海洋的呼吸；把耳朵贴在一棵大树上，聆听树木的呼吸；静静躺在一块巨石上，聆听岩石的呼吸……

第二节 冥想——"心斋""坐忘"

庄子讲"心斋""坐忘"。"心斋",指空虚的心境,这是一种超越感官的特殊心态;"坐忘",就是我们从是非得失的种种计较中脱离出来,从而"无己""无功""无名",达到一种忘我忘物的非理性状态。从内心将利害观念彻底排除,实现释然和洒脱,这是"心斋""坐忘"最核心的思想。

大多数瑜伽流派的基本练习步骤都是相同的,即姿势、呼吸、放松和冥想。瑜伽中的冥想,就是抵达道家所说的"心斋""坐忘"的一种方法,使身、心、灵更加和谐统一,让大脑安静下来,变得更加自觉和自制。

瑜伽的这些基本练习步骤既可以进行整体练习,也可以拆分出来单独练习。瑜伽练习者一般更愿意进行整体练习,在轻松舒缓的音乐伴奏下进行体式练习的同时,配合正确、有规律的呼吸,以达到身心的统一,放松精神。

在练习瑜伽姿势时,配合有意识的呼吸,有助于调整、放松肌肉的紧张感，使注意力更集中。有的瑜伽姿势要求在身体放松和积极意识这两种状态之间找到平衡，呼吸练习正好有助于达到这种平衡。冥想从呼吸开始，感受我们心跳的节奏。

瑜伽已经不仅仅是健身美体的流行运动方式，更是人们舒缓神经、情绪和内心的方便法门，是培养我们的觉知、让心灵更超脱的处事方式和态度，每一个热爱自我、珍视自我、尊重生命的人都可以在闲暇时练习。

本节主要介绍冥想的坐姿和热身放松的方法。

一、瑜伽冥想的姿势

1. 简易坐

简易坐也叫散盘，是最简单的一种打坐姿势，适合瑜伽初学者以及关节僵硬的人在练习冥想和坐姿动作时使用。

【姿势说明】

（1）坐于地面，两腿向前伸直，自然呼吸。

（2）双腿交叉，左脚压在右脚上方，或右脚压在左脚上方，同时挺直脊背，下颌收紧。

【练习要领】

在打坐的过程中，头、颈和躯干应保持在一条直线上。

【练习效果】

这个坐姿有利于膝、踝等关节部位的健康，能增强神经系统的功能，端正坐姿。

2. 全莲花坐

莲花坐作为最古老的瑜伽姿势之一，是瑜伽各式的基础，坐姿与坐禅的结跏趺坐法相似。打坐时可以交换左右腿。

【姿势说明】

（1）坐于地面，两腿向前伸直，双手握住右脚踝，将右脚置于左大腿根部，脚心朝上。

（2）双手握住左脚踝，将左脚置于右大腿根部，脚心朝上。

（3）脊背挺直，下巴紧收，鼻尖与肚脐置于一条直线上。

【练习要领】

练习这种姿势，切忌膝盖上浮。

【练习效果】

莲花坐可以加强头部、胸部，特别是下肢的血液供应，消除紧张与不安，使我们身心平和、精神专注。

3. 半莲花坐

不能完成莲花坐的人可以用半莲花坐作为过渡姿势，在打坐时需要经常交换左右腿。

【姿势说明】

（1）坐于地面，双腿向前伸直。

（2）右腿弯曲，右脚脚底抵在左大腿内侧。

（3）左腿弯曲，将左脚置于右大腿上，脚心向上。

【练习要领】

脊背挺直，下巴收紧，头部、颈部、身体置于同一条直线上。

【练习效果】

半莲花坐为莲花坐的过渡姿势，效果稍逊。

4. 霹雳坐

霹雳坐是深入学习瑜伽的入门姿势，需时常练习，保持熟练。

【姿势说明】

（1）双膝跪地，两脚跟保持分离，两脚趾接触但不交叠。

（2）臀部坐于两脚内侧，手掌心朝下置于大腿上。

（3）自然呼吸，意识集中在鼻尖。

【练习要领】

保持肩部放松，腰背挺直，以减轻腿部压力，防止腿部血液循环不畅。

【练习效果】

可以柔韧膝关节，放松全身，让人保持心平气和，有助睡眠。

5. 至善坐

在瑜伽世界中，至善坐被认为是所有姿势中最重要的姿势，有助于疏通人体经络，提升人体生命之气。

【姿势说明】

（1）坐于地面，两腿向前伸直。

（2）左腿弯曲，左脚跟抵住会阴，左脚底靠紧右大腿。

（3）右腿弯曲，右脚置于左脚踝之上。右脚跟贴近趾骨，右脚脚底放在左大腿和小腿之间（简易做法：初学者可将右脚置于地面）。

（4）两手半握拳置于膝盖上，掌心朝上，闭上双眼，内做观想，想象双眼凝视鼻尖，并尽可能长久保持。

【练习要领】

头、颈、脊背挺直。

【练习效果】

至善坐对身体和心灵都有重要影响。对身体来说，它可以改善下肢血液循环，并有增强脊柱下半段和腹部脏器的作用。对人的心理来说，这种姿势具有平静和振奋人心的双重效果，特别适合呼吸练习和冥想练习。除此之外，这种姿势还能对会阴施压，引导性冲动向上并提升生命之气。

【注意事项】

有坐骨神经痛或骶骨感染者不宜练习。

6. 吉祥坐

【姿势说明】

（1）坐于地面，两腿向前伸直，双手置于膝盖上。

（2）左腿弯曲，左脚脚底抵住右大腿，右脚置于左小腿上，两脚脚趾置于两膝盖窝，双手置于膝上。

【练习要领】

左脚跟不抵会阴，其他要领与至善坐相同。

【练习效果】

与至善坐相似，但安神效果稍逊，无法引导冲力向上。

【注意事项】

有坐骨神经痛或骶骨感染者不宜练习。

二、瑜伽热身和放松姿势

1. 拜日式

拜日式，又称向太阳致敬式，是最好的热身动作。拜日式由一组完整、连续、全面的练习组成，可以柔和地伸展、按摩、放松身体所有关节、肌肉和内脏，促进血液循环，调整神经系统，强化心肺功能，增强免疫力，缓解压力和疲劳，使身体产生能量，使人更具活力。

正如它的名字一样，拜日式特别适合在清晨太阳升起时对着阳光练习，它会使练习者一天精力充沛，充满活力。随着时代的发展和瑜伽流派的演变，拜日式也出现很多种类，其中广为流传的是古典 12 式拜日式，这也是瑜伽练习中必不可少的一套经典练习动作，深受练习者喜爱。

古典 12 式拜日式，由 12 个动作组成，在每个分解动作中随着练习者熟练程度的不同，动作的难易程度也可以做相应调整。拜日式既可以作为练习计划中的一部分，比如用来热身，起到使身体充分伸展的作用；也可以作为每日瑜伽练习计划的主要内容。每天只做拜日式、呼吸和放松练习，比较适合初学者或是以练习呼吸为主的练习者。另外，我们做拜日式时，在每个动作之间可以停留几次呼吸或者是随一吸一呼来完成动作的衔接。具体动作介绍如下。

（1）祈祷式

站立在垫子前端，双脚并拢，双手合十于胸前，肘关节自然下垂，百会上领，下颌微收，脊柱向上伸展，尾骨内收，双膝呈自然伸展状，保持自然呼吸。

（2）手臂伸展式

站姿，随吸气，双臂上举过头顶，成手臂伸展式，或是使身体微微向后伸展，进一步拉伸脊柱。

（3）增延脊柱伸展式

站姿，随呼吸，身体向下弯曲，尽量使背部伸展，直到双手触地，颈部放松，背部伸展。

随吸气，保持双膝伸直，身体向上延伸，抬头向前看，双臂垂直地面，双手手指触地。身体僵硬的练习者也可以弯曲双膝降低难度，使背部保持伸展的状态。

（4）站立头碰膝式

站姿，随呼吸，身体折叠，使上身、头部贴于双腿，或是弯曲双膝，帮助身体贴到大腿上。

（5）起跑式

在站立头碰膝式的基础上，双手不离地，弯曲双膝。右腿向后撤一大步，右脚脚趾着地，然后弯曲右膝，使右膝、右小腿、右脚面伸展贴地。

吸气，双手离开地面，叉腰，身体立直，感受髋关节的伸展（初学者可以就停留在这个动作上），如果感觉平衡稳定，可以将双臂继续向上伸展，双手合十，抬头看向双手。

（6）下犬式

呼气，在起跑式基础上，双手落回左脚两侧，右脚脚趾触地，使右膝离地，带高臀部向上，同时左脚后撤，放于右脚一侧并与右脚保持在一条横线上。双臂和双腿同时撑起身体，使身体呈半倒置的状态。这个姿势可以简化成弯曲双膝，帮助下背部延伸。

（7）木板式

吸气，在下犬式的基础上，身体向头前方移动，使身体与双腿成一条直线，双腿垂直地面，成木板式，手臂缺少力量的人可以弯曲双膝跪地，帮助减轻双臂压力。

（8）眼镜蛇式

呼气，在木板式基础上，曲臂向下带低身体，让身体贴紧地面。吸气，双手推地，伸直手臂，身体向上伸展，成眼镜蛇式。

（9）重复下犬式

呼气，在眼镜蛇式基础上，身体俯身贴地，然后回到第 6 步，成下犬式。

（10）重复起跑式

吸气，在下犬式基础上，右腿向前摆动，落回双手间，回到第 5 步的起跑式。

（11）重复站立头碰膝式

呼气，在起跑式基础上，双手落回右脚间，然后左脚蹬地，迈一大步向前，使双脚并拢到一起，回到站立头碰膝式。

（12）重复祈祷式

吸气，在头碰膝式基础上，身体慢慢抬起，双臂上举过头后屈臂，将双手合十放回胸前，回到祈祷式。

2. 仰尸式

所谓仰尸式，就是练习此姿势时整个身体应该如尸体般安静。仰尸式有助于缓解身体疲劳，放松身体和心理，使交感神经和副交感神经保持平衡，使身体恢复活力。同时，这也是一个绝佳的睡眠姿势，可缓解消化不良和失眠等身体问题。

（1）姿势说明

背部贴地仰卧，双手放在身体两侧，手心向上，两脚舒适地分开。

（2）练习要领

闭上双眼，全身放松，自然而有规律地呼吸，可以让意识集中在呼吸上，数自己的呼吸；也可以将意识集中在身体上，随着一呼一吸观想身体的每一个部分都逐渐放松下来。保持这个姿势5分钟或者更长时间。

（3）注意事项

初练这个姿势时，思想容易开小差，没有关系，随时提醒自己关注呼吸或是身体。

3. 鱼扑式

鱼扑式是一种极佳的放松姿势，动作静止时的姿态像一尾扑动的鱼，因此而得名。用鱼扑式放松身体时，意念也要集中在呼吸上。而且，因心烦而失眠的人，可以用这个姿势帮助入睡。

【姿势说明】

身体仰卧，将头转向右方，十指交握置于头部下方。弯曲右腿，膝盖尽量贴近胸部。转动双臂，左手肘向前，右手置于右大腿，头部置于左臂弯。

【练习要领】

保持自然呼吸，尽可能地保持这个姿势。可以左右交替做这个动作。

【练习效果】

这个姿势可以刺激胃肠道蠕动，有助于缓解便秘。此姿势可以消耗腰部脂肪，使两腿神经得到放松，从而缓解坐骨神经痛。另外，如果我们睡觉时保持鱼扑式，对恢复精力也有好处。

三、在"心斋""坐忘"中，欣赏虚静空明的动感

结束体位的训练后，一定要有足够的时间做大休息式。身体放松平躺，呈一个"大"字。此休息方式除了有放松身体的作用，还可以练习横膈膜呼吸，做睡眠瑜伽，进而让身心彻底放松。

这种放松，也是一种自我修行的重要法门。这和老庄思想中的"心斋""坐忘"不谋而合。"心斋""坐忘"属于内省，从外向内、层层渗透，主要内涵为虚静空明，终极目标为与道合一。庄子所说的"心斋"为："若一志，无听之以耳而听之以心，无听之以心者，而听之以气。听止于耳，心止于符。气也者，虚而待物者也。唯道集虚。虚者，心斋也。"简要说，心斋就是抛弃了感官，用虚无之心去对待万物。

庄子所说的"坐忘"为："堕肢体，黜聪明，离形去

知，同于大通，此谓坐忘。"坐是一种静态，一碗浑水在静止时杂质才会因为重力作用而沉淀到碗底，因此，要"忘"必须"坐"，也就是"静"。人一静就和外界暂时隔离了，万众孤独，体会独对天地、融入万有的意境。

但是，"思维"是动态的，岂不是会让沉渣泛起？于是又引出"和谐"的概念。蒋勋在《云淡风轻：蒋勋谈东方美学》中写道："harmonious，和谐，此概念来源于音乐。将世间多种多样不同的声音相融，合成最美的'和声（harmony）'，而不是只有单一的声音。"周易中也提到要阴阳调和，无论是八卦还是演变出的六十四卦，都是阴爻和阳爻的不同组合，而且每一卦都不是固定不变的，是动态的；但是每一次占卜又只有一种卦象，这是静态的。这样的动静相合就像真正的太极只是一个空荡荡的圆圈，而不是后世人经常画的"阴阳两鱼图"。因为真正的太极应该是阴和阳在彼此调和的状态下不断运动，但是又不会离开一个范围。

只有经历了"坐忘"的静态，清空了人体这个容器，才能在"思维"的动态中注入新的东西，这就是坐忘的静态"孤独"与动态的"思维"之间的调和。

不一定时时都想着完全放空，自然而然，顺势而为，才能福至心灵，自然而从容，这是值得期许的境界。觉得累的时候就静坐一会儿，让积聚在脑中的杂质都沉淀到脚底，然后再开始思考，新的灵光就会闪现。坐忘，就是给心灵和头脑一个清心洁身、重新开始的地方。

无负担地"发呆"

是的，冥想有点像发呆，什么都不想，安静地待着，很舒服很享受。

可在如今分秒必争的社会，放松似乎是可耻的，不能静心投入松弛状态的成年人被困在因为休息不足而能量缺失的混沌生活中。

对于小孩子来说，"发呆"是不可缺少的。他们每天要接受大量外界的刺激、信息，但对其中大部分信息他们无法进行简单归类，甚至是无法接受，这会让他们感到紧张。这时候，"发呆"，静一下，会让他们逃离这种压力，感觉"很舒服"。

很多时候，我们会觉得"发呆"是贬义词。但事实刚好相反，小孩可以"发呆"，"安静下来"会让他们变得更"聪明"——安静一段时间之后，他们的感官会恢复感受信息刺激的能力，清空一些东西，留出心灵的一些空间，他们才又能听、能看、能想、能判断。

清理内心，变身"空无"

心若长时间被日常琐事占满，便如长时间没有整理的房间，到处弥漫着焦躁不安的气息。现在市面上介绍冥想的书很多，这里与大家分享日本美学生活家松浦弥太郎在《今天也要用心过生活》[①] 中分享的小方法。我们也可以在此基础上加入适合自己的想象引导，每日睡前抽出几分钟练习。这个方法可以平复纷乱的心，温和地清理出心的空间，白天也可以坐在椅子或沙发上进行练习。

放松，闭上眼睛，想象自己心里的风景。

内心的空间被塞满，还是有"留白"？（中国书画创作手法中的留白也要用在这里。）

心若被塞满，可以问自己：

"我是不是把应该做的事和想做的事给搞混了？"

"我是不是被某人或某事过分影响，以致扰乱了自己的生活节奏？"

"我是不是忘了自己的身体构造，在超负荷运转？"

一一回答之后，再切换心中的画面。

---

① ［日］松浦弥太郎. 今天也要用心过生活：松浦弥太郎生活小哲学［M］. 湖南：湖南人民出版社，2020：29.

一开始，先想象自己在一座高山的山顶，坐在安全的地方。你处在非常高的位置，不低头就看不见云。那些云在你脚下缓缓流动。

只有你一个人坐在那里，万籁俱寂。

视野所及都是云，看不见天空。你能感觉到的也只有坐着的山。

渐渐的，感觉开始消失。首先是与地面接触的臀部感觉消失。身体变得很轻，慢慢飘起来，飘上天空。

身体在空中飘荡，完全放松，感觉很舒服，索性就躺在天空中休息。

伸展手脚，闭上眼睛，你已经看不见天空。

接下来就好玩了，想象你的手脚脱离你的身体，宛如被风吹散的云朵一般轻飘飘地从身体飞离。脱离你的手脚轻柔地飘着，化作了细小的碎片被风带往远方，消失无踪。

手脚消失后，身体变得更轻盈，你觉得很惬意。这次轮到身体了，腰部以上和以下同样轻轻分开。之后，再去感受头部也慢慢散开。

不久，你变得像雪白的雪花一般大小，又变得像云的颗粒。然后，不知哪儿吹来一阵风，把你吹得无影无踪。终于，你的身体全部消失了。不过，飘浮在空中的舒畅感还残留着。那就感受这份舒坦，进入梦乡吧。

一开始或许无法顺利进行，不过只要持续练习，很快就能抓住诀窍，顺利练习。

第三节　招式——聚精会神

选择瑜伽姿势中最有效易学的精华部分，一招一式，循序渐进，尽快入门，切身感受瑜伽带给身心的巨大变化。

一、经典招式简介

1. 手臂伸展式

【姿势说明】

手臂伸展式可以有效放松两个肩关节，加强肩颈部的血液循环，强壮脊柱，矫正圆肩和驼背。手臂向上伸展结合抬头，可以刺激大脑，使大脑更加清醒，特别适合颈部不好的人。

【练习要领】

挺直身躯站立，两脚并拢，让身体重心均匀地落在双脚上，收缩并提升膝盖骨，绷紧大腿肌肉，双腿完全伸展。脊柱向上伸展，提升上半身。随着深长的吸气，双臂从身体两侧向上举至头顶交叉，抬头看向双手，保持自然呼吸 10 ~ 30 秒后，随呼吸放下双臂。

2. 风吹树式

【姿势说明】

风吹树式可以扩张胸部，放松肩关节，伸展下背部、腰部、双髋骨和内脏器官，消除手臂、腰、背部的多余脂肪，增强身体的灵活性、平衡性。

【练习要领】

双腿并拢站立，吸气，双臂从身体两侧向上举过头顶，双手十指相交，抬头，眼睛看向双手。腹部微收，脊柱伸展向上。呼气，上身从胸腰部弯曲，倾向右侧，同时转头看向上方。脊柱始终保持向手指的方向伸展。保持自然呼吸 10 ~ 20 秒后换向另一侧练习。初学者可以只举一侧的手臂向另一侧侧弯，熟练者可以抬起脚跟练习。

3. 幻椅式

【姿势说明】

幻椅式可以增强脊柱活力，强壮双腿和背部，矫正不良姿势。同时，幻椅式还可以强壮脚踝，强壮腹部器官。

【练习要领】

吸气，将两臂举过头，两臂打开与肩同宽，两手掌心相对。呼气，屈膝降低重心，就像准备坐在一把椅子上。腹部收紧，踝关节自然弯曲，下压后脚跟，胸部尽量靠后。自然呼吸，保持 10~20 秒。吸气，恢复站立姿势。

4. 战士第一式

【姿势说明】

战士第一式可以锻炼双肩、双髋、双膝和双踝，消除颈、肩、背的紧张，有效矫正因腰椎过度弯曲而导致的不良姿势，加强骨盆的稳定性，减少髋部的多余脂肪，增强意志力。

【练习要领】

以三角式为准备姿势，左脚向左侧转 90°，右脚向左转 15°，两臂从两侧打开，与地面平行。随着呼吸双臂上举，双手合十于头上，呼气，将身体转向左侧，左脚脚趾指向前方，右脚向左转 30°。屈左膝试着让大腿与地面平行，小腿要与地面垂直，右膝挺直。头向上方仰起，两眼注视前上方，尽量延展脊柱。自然呼吸，保持 20~30 秒后恢复三角姿势，换另一侧练习。

战士第一式是一种强度很大的静态练习，初学者可以双手叉腰，将左膝弯曲贴地，以保持身体稳定。

战士第一式变体（飞机式）：在战士第一式基本姿势的

基础上，将身体整体向前倾斜45°，使双臂、身体和左腿在一条直线上，收紧腹部，右大腿内侧内旋用力，保持5~10次呼吸后恢复战士第一式的基本姿势。

5. 三角伸展式

【姿势说明】

这是为数不多的脊柱向两侧弯曲的姿势之一，可以提高髋骨的柔韧性，锻炼脊柱，收紧侧腰，增强大腿和小腿的肌肉力量，刺激并按摩腹部脏器。

【练习要领】

双腿打开1~1.2米，双臂打开与地面平行，掌心向下，呈基本的三角式。将左脚向左转90°，右脚向左侧转30°，左脚跟与右脚心处于同一条直线上。在转脚时髋关节不要转动，随呼气身体向左侧伸展。左臂带动身体向一侧伸展，眼睛看向左侧，保持膝盖上提。随呼气身体向左侧弯曲，左手握于脚踝或尝试让手指触于地面，右臂上举，尽量使双臂成一条垂直线，同时转头看向上方。确保双脚处于同一平面。双腿伸直（也可微屈膝简化式），双膝上提。肚脐向前，向上翻转。双脚有力地向下踩踏地面，使身体保持稳定，并不断向身体的两端延伸脊柱。保持30~40秒，吸气，起身。然后右脚外转，左脚内转，反方向重复练习。

柔韧度不够的练习者可以背靠墙来保持身体平衡，也可以将瑜伽砖竖立放于左手下，使脊柱充分伸展，胸部转向上方。

6. 加强伸展式

【姿势说明】

加强伸展式可以放松髋关节，减少腰部脂肪，强健两腿肌肉，强壮腰、腹部肌肉，改善不良体态和圆肩；促进消化和排泄；放松手腕和前臂，增强手腕灵活度；使深呼吸更为容易。

【练习要领】

简化体式：低头，保持颈部放松，双手手指接触地面，以帮助支撑身体。吸气，右脚可以微微弯曲，抬头延展脊柱，慢慢起身。调整呼吸后完成另一侧练习。

7. 双角式

【姿势说明】

双角式经常在站立姿势结束前练习，通过上身的倒置使更多的血液流向上半身和头部，可以改善头部血液循环，滋养面部皮肤。双角式还可以加强背、肩胛骨周边肌肉的锻炼，扩展颈、胸部的肌肉。

【练习要领】

双脚打开两倍肩宽，呈三角式。吸气，胸部挺拔向上。双肩后旋收拢肩胛骨。两手臂紧贴于身后，十指交叉。保持自然呼吸。呼气，上身向前向下弯曲，尽量把两臂向头的上方和后方伸展。头下垂放松，使身体向两腿之间的空隙靠近。头也可以抬起向上望，或垂头和抬头交替做。保持自然呼吸20~30秒。

高级式：双手扣住大脚趾，吸气，伸展双臂、双腿，身体向前延伸。呼气，弯曲双臂向下俯身，进一步成下挂姿势，头顶触地，双肩打开，用手臂的力量使身体保持这一姿势。

简化式：双脚并拢，双肩向后使胸腔打开。呼气，向下俯身的同时弯曲双膝，让身体靠在大腿上，双臂尽量向身后打开。简化式适合身体柔韧性差的人练习。

8. 腰部转动式

【姿势说明】

腰部转动式可以锻炼我们的髋关节、背部、腰部和双臂，可以帮助我们矫正脊柱，纠正不良体态，可以通过按摩腹部器官，帮助我们减少腰部脂肪。

【练习要领】

双脚打开与肩同宽，双臂放于身体两侧，自然呼吸。吸气，将双臂从两侧举起，双手在头上相扣，呼气，向前俯身，使身体与地面平行，两臂随之向前伸展，抬头看手。随呼气，将身体尽量向右转，保持 2～3 次呼吸，随呼吸恢复原位，再随呼吸将身体转向另一侧。反复扭转身体 3～5 个来回，吸气，恢复站立。

9. 鸟王式

【姿势说明】

这个姿势有助于我们提高两腿关节的灵活性，锻炼小腿，预防小腿肌肉痉挛；还可以锻炼手臂肌肉线条，扩张胸部，扩张背部肌肉群，消除上臂和上背部多余脂肪。

【练习要领】

抬起右腿，身体的重心移到左腿，屈左膝，将右大腿的背面贴在左大腿的前面，右小腿胫骨处紧贴左小腿。接着用右脚大脚趾勾住左脚脚踝内侧上部。保持身体平衡。左手臂曲肘向上，上臂与胸齐平，前臂与地面垂直，右手臂与左手臂相同姿势，置于左手肘下方，左臂缠住右臂，双手合十。

尝试进一步弯曲左膝，将重心再放低，收紧腹部。身体可以微向前倾，这样更容易完成动作；也可以让身体直立，这样会进一步加强腿部和腹部的锻炼。保持自然呼吸10~30秒。然后，放开两臂和两腿，恢复到站立式，左变右，交换做这个练习。

初学者可以将双手直接合十置于胸前或始终双手叉腰。

10. 树式

【姿势说明】

树式可以增强我们腿部、背部和胸部的肌肉力量，修饰背部线条，纠正因久坐形成的不良体态；增强两踝力量，缓解髋关节、踝关节的压力，使之更加灵活。

【练习要领】

（1）山式站立，把身体重心放在左脚上，右膝弯曲把右脚跟提到左大腿内侧，脚尖向下。

（2）双手合十放于胸前，左腿绷紧，右腿膝关节尽量向右侧打开，全身处于紧张状态，自然呼吸，想象自己如一棵参天大树。在身体保持稳定的情况下，将双臂上举，双手合十置于头上。保持5~10次呼吸后恢复站立姿势，换另一侧练习。

11. 舞王式

【姿势说明】

舞王式可以伸展腰部、肩部、胸部等部位，矫正身体歪斜。

【练习要领】

山式站立，身体重心放在左脚上，右腿弯曲，向上向后伸，右手从身后握住右脚内侧，抬起左臂，向前伸展，目视前方。呼气，慢慢抬高右脚向上，身体也微微向前倾，左臂进一步向上伸展。保持自然呼吸 10~30 次。练习时也可以尝试双肩向后旋转，双手同时抱住右脚，双臂夹紧。呼气，主动向上抬高右腿，双手抱住右脚，保持双臂夹紧。这个姿势可以使双肩、手臂、身体及大腿得到均匀的拉伸。

12. 战士第三式

【姿势说明】

战士第三式可以提升专注力和平衡能力，增强腹部和腿部的力量。

【练习要领】

双腿打开与肩同宽，双臂上举，抬头看手，身体向前倾 45°，同时右腿向后抬起，与手臂、身体成一条直线，身体与右脚呈 T 形。

二、仪态修习的基本要求

1. 控制意识

（1）集中精神

在瑜伽练习时，若能将分散的思绪逐渐集中，将意识从外部转移到内部，练习者就走上了自我理解和自我接受的道路，进而可以改变自己的生活。在瑜伽中，人们认为一个能控制自己思想的人是真正强大的人。这就是瑜伽与其他运动的不同之处。

（2）平和的心境

心灵的平静来自有勇气面对挑战，有一颗欢喜、满足、享受美好事物的心。瑜伽要求练习者保持心灵的平静，善待他人。

（3）松静结合

练习瑜伽时，必须体验意识与形体的统一。形体一动，意念相随。当形体平静，心也静止。松意味着放松，这似乎很容易，但其实不然。如果你观察一个婴儿或学龄前儿童走路和玩耍的形态，并心态平和地模仿他们，就可能得到放松。这种放松自由而不受干扰，坚定而不僵硬，也就是说，不仅要放松身体，更重要的是要放松心灵。

2. 完成要求

（1）动作的稳定性

瑜伽姿势有很多，基本动作就有几十种。无论你做什么姿势，都要找寻它的稳定性和舒适性。有些人会觉得瑜伽姿势难度太大，不能长时间坚持；也有些人太虚弱，做动作时摇摇欲坠；无论哪种情况都需要立即停下来，休息一下，然后分析是什么原因造成的。如果你在一个稳固的姿势中感到舒服，你就可以保持更长时间，而不是为了坚持而坚持。体位练习的时间长短应根据你的身体状况进行调整，如果你感到疲倦，就可以相应缩短练习时间。

（2）循序渐进

如果你是瑜伽新手，不要练习太长时间，也不要练习太频繁，通常每周两到三次，每次一小时即可。随着身体的适应，可以增加到每天一次，每次一小时。如果你只是想保持健康，这种强度就足够了。瑜伽专业人士需要练习更长时间。

（3）舒服自然

如果你练过瑜伽，那么你一定知道瑜伽的很多体位是有一定难度的，初学者不必为难自己。练习瑜伽需要的不只是热情，还有恒心、耐心和决心。因此，不要勉强自己的身体，在身体可以接受的范围内，稍微加一点点难度即可。

（4）坚持不懈

所有我们可获得的技能都必须经过反复练习。你必须坚持不懈，才能获得回报。

三、在"聚精会神"中找寻安静与专注的力量

1. 安静，看不见的竞争力

我们的传统文化非常强调一个人的修养。但很多时候，"不要动，不要乱讲话""站有站相，坐有坐相"等说法等同于命令和规矩。换句话说，让小孩安静，意味着小孩必须屈从于大人的命令，表现出大人想要的模样。

真正的安静，不是这样被迫的安静，不是因要服从外来命令而表现出来的安静。被迫的、表面的安静，和小孩自身的生命没有关系，也就对他发挥不了积极的影响。

安静不是命令，而是尊重。安静是为了理解，为了思考。安静是为了看到和知道你真正想要和需要什么。

人有敏锐、复杂的感官，会不断接收大量信息，视、听、嗅、触同时启动，连带着还有被这些信息激发的身体与情绪反应，不管你喜不喜欢，平常状态下，人忙得很。

忙到无法觉察这些蜂拥进来的信息已经超过我们的负荷。我们让自己静下来，有意识地停止接收新信息，才能在身体里、大脑里腾出空间来处理旧的、已有的信息。

我们随着时代发展的快节奏"随波逐流"，总是动个不停、讲个不停，追求无止境，久而久之，难免陷入焦虑，没有机会体验心灵的宁静。

从瑜伽的呼吸开始，慢慢的，我们会意识到，"忙"是"心的亡"，只有温柔地一次次借由呼吸将内心拉回至当下，方懂得安静，也才可以听见别人、听见自己。虽然这个过程并不容易，我们会观照到思绪的散乱和不耐烦、轻微焦虑等干扰波多么强大，但请不要抗拒，不要逃避，慈悲地善待自己。体会身体里的感觉，一种往内的、沉静的能量正在一点点生长。按照上述的几个基本招式，配合呼吸练习，坚持做，就能静心、养神，并控制情绪。

在这个物欲横流的世界，身心安宁而不感到孤独或不安，就等于在生活中拥有了丰富的宝藏。这是一种看不见的竞争力，是直达幸福，让生活涌出新意的一种能力。成长的岁月里，体会过安静，是一生受用的美好力量。

安静，也教人更懂得珍惜自己。倾听自己身体的声音，会让人更加珍惜自己的身体。有时候，我们不用急着去听外面复杂的声音，回过头来倾听自己身体的声音，也是一种奇妙的体验。想象自己的身体是个交响乐团，心跳是定音鼓，血流是弦乐，呼吸就是管风琴。每天，你的身体演奏着各种声音，而你就是那个伟大的指挥。

2. "无心"的安静，才是真正的安静

很多人无法自然地安静下来，将安静视为人生的空白，视为浪费时间，认为只有特别安排时间静坐、学瑜伽，如此有目的的"静"，才有价值。但事实上，这样的刻意用心，反而常常让人远离"安静"。

中国古人说"养心贵于静，淡泊宜于性"。静能去噪，静能生慧，静就是最好的养心。一个人只有静下来才能全身心放松，进而幸福自在。

让音乐，带来"静"

我们在做仪态修习时可以播放自己喜欢的轻音乐。

这是一个喧嚣的时代，外面的声音我们无法选择，但我们自己小空间里的音乐可以自己创造。

让大自然来帮忙

活起来的音乐，才可能是感动人的音乐。我们可以用

心"聆听"自然里的音乐，用身体感受静中的动，如树叶被风吹动，如花朵在风中摇曳，如不同季节的风穿过树梢造就了不同的"歌声"。植物的歌唱，竟是最美妙的一堂音乐课。

道法自然，大自然是我们最好的老师。感受大自然：一片星空，一轮明月，一片树林，一道河湾。能够享受静的感觉，很重要。我们每个人都有与生俱来的天赋，让自己静下来，它就能浮现。静下来，才能聆听。聆听别人，也聆听自己。"listen"和"hear"不一样，前者只是听，现代人大多数是这样听，往往有听却没有"听到"；后者才是"聆听"，用心去倾听，才会听到丰富的内容。

3. 给感官"专注"的机会

所有人都有能力换一对听音乐的耳朵；所有人都有能力换一双看色彩与形象的眼睛；只要你给你的感官"专注"的机会。

老子《道德经》云："五色令人目盲，五音令人耳聋。"不专注时，我们的感官没办法充分打开，或者说，我们的意识无法照顾不同感官同时受到的刺激，手忙脚乱，结果哪一边都照顾不好。

专注，先不要贪心。这一刻，我只做两件事。我只让自己和那么大的世界，发生有限的一点联系。这一刻，我的身边就只萦绕着巴赫的一首二声部键盘赋格曲，除此之外，别无其他。

接着，专注会以你想象不到的方式回报你。在一首两分钟就演奏完的曲子中，原来藏着那么多东西。你遗忘了外面那个纷扰的世界，因为你在两分钟的音乐里，发现了一个过去从来不知其存在的世界；更重要的是，你发现了自己从来不知其存在的情绪和感动。

专注，让我们和自己单纯地相处，让我们发现自己的潜能。

有了"向内看"的专注力，"向外看"的专注——对目标的选择、坚持与全心全意——也便自然而然地成为可能。现在的生活环境和生活节奏让人焦躁不安，难以定心。于是，我们都显得聪明有余专注不足。精力和时间有时候都耗费在思虑、比较上，错过了每一个可以专注的当下。让我们一起找回专注力，那不只是竞争力，更是如何过生活，如何做事的能力。

专注就像一道亮光，在杂沓中找到静定的力量，在忙乱中寻到正确的指引。专注不只是竞争力，也是感受生活、品味生活的觉悟力。看一朵花，看一部电影……做什么事都兴致益然，即使吃饭这种每天都要做的事，也要认真对待。

专注，就在当下，心无旁骛。人生的灿烂，生活的乐趣，会对你聚焦放光。

4. 幸福是专注的奖赏

在日常生活中，培养专注不妨就从呼吸开始。找个空当，专注于自己的一呼一吸，随着吐纳渐渐深入，用以凝聚心神。不必苛求做到什么程度，只要每次都比上一次进步一点点就可以。同样的，配合基本瑜伽姿势练习时，学着觉察自己的身体，但注意力不是放在肢体的酸和痛上，而是放在呼吸和身体的协调上。这时，专注也是一种意志力和定力的表现，专注会在这种长期练习中，亦是探索自己身体和心灵的过程中不断提升。

第四节　小结

一、重启自己——呼吸本身就是一种舞蹈

从呼吸开始，感受瑜伽的智慧。瑜伽将引导你发展内在的直觉，增加你的精神能量，稳定你的心神。瑜伽会通过提高你的控制能力和注意力，激活你身体和心灵的自我修复能力，使你更容易实现身体和心灵的和谐，具有持续的活力和创造力。

现代人由于久坐，身体僵硬是通病。善用呼吸，可以帮助我们提升身体的延展性和柔韧性。如果只关注把动作做到最好，却没有好好呼吸，身体就会出状况。我们通常只是在使用自己的身体，而通过呼吸，我们可以听到和感受到我们的身体。

练呼吸可以帮助我们找到自己。练习呼吸以前，呼吸就只是呼吸，练习呼吸之后会觉得，呼吸本身就是一种舞

蹈。练呼吸，舞动的是心灵、是内在，是让我们往里看。

找个舒服的角落坐下，不一定要盘腿，身体自在就可以，躺下来也无妨。闭眼，让眼球放松，轻轻地吸气，然后轻轻地吐气，再吸，再吐。几次之后，试着"再吸多一点"，然后吐掉，让自己"再吐多一点"，发出声音来也行。在这一过程中，专心地跟你的呼吸状态在一起。

人的生命，就在这一呼一吸之间。生命的奥妙，也在这一呼一吸之间。

二、舞者生活中的呼吸

学习了呼吸，获得的精神养分如何落实在生活中呢？除了专业上的精进，呼吸还有哪些帮助呢？

它会让你跳起舞来更自如，身体更圆满，能更诚实地面对自己，更清晰地看到自己的杂念、情绪，人也会变得更坦然。

它会拓展你的能力，看你能吸得多饱满，吐得多深长。告诉自己，来，再吸一点，或者，再吐一点。知道自己原来可以这么沉得住气，或者，这么沉不住气。

呼吸是生命的美学。

卷 二

近天，近地

——找到自己文化的重心

我坚信美与生命深度融合，相互交融。我们的文化、历史中蕴藏的美学是令人惊叹的。正因如此，代代传承的使命使我们能够让生命展现最美的一面。蔡元培先生说的"美是一种宗教、一种信仰"，就是从这个角度说的，它不完全是艺术的部分。

现代舞对"高高在上"的重心有着全新的思考，大体而言，西方的重心在上，体现的是垂直的线条、修长的美感（自信），如哥特式建筑；东方的重心在下，普遍展现着水平的线条、圆融的美感（谦卑），如庙宇屋檐。现代舞训练，向东方文化探寻，以重新找回人身体的自然。

第一节　从芭蕾到现代舞——重心的回落，重返自然

一、芭蕾——天行健

我们都知道，芭蕾诞生于欧洲宫廷，舞姿优美高雅，是一种重心"高高在上"的舞蹈。芭蕾舞鞋更是"极端"地将全身重量全部集中于脚尖，俨然与地心引力相抗衡，舞者的重心从不往下，而是向上延展，呈现垂直修长的线条美。从这一点可以看出东西方完全不同的美学风格。当然，舞姿呈现出来的飘逸和超脱，依靠的是舞者对身体各部位肌肉非常理性的"控制"。轻盈是靠内功托举起来的。"不经一番寒彻骨，怎得梅花扑鼻香"。这是形体训练的基本功，没有捷径叫以走。

你做好吃苦的准备了吗？

1. 基础芭蕾

（1）身体方位

以自身为基点，以观众所在的方向为正前方，每向右转

45°为一个方位，共八个方位，用数字1~8来代表八个方位。

1点为前方位，2点为右前方位，3点为右方位，4点为右后方位，5点为后方位，6点为左后方位，7点为左方位，8点为左前方位。

（2）芭蕾脚位

动作要领及注意事项：

一位：两脚跟靠拢，两脚尖向外开成一字，两腿靠紧，大腿内侧外旋，膝盖与脚尖在一条直线上，重心在两脚的脚趾上，不能向前倒脚，足弓要空，收腹、收臀、立腰，胸部自然挺起，双肩下压，目视前方。

二位：在一位的基础上，两脚相隔一脚的距离。

三位：在二位的基础上，一脚的脚跟与另一脚的脚心靠拢，仍保持外开状态。

四位：在三位的基础上，一脚向前擦地，推脚跟落地，重心在两脚中间，前脚的脚尖与后脚的脚跟在一条直线上。

五位：在四位的基础上，前脚收至与后脚对齐，即前脚的脚尖对准后脚脚跟，重心均匀落在两脚之间。

（3）芭蕾手位

由于不同芭蕾舞流派的表演风格不同，手位也不尽相同。下面是俄罗斯流派的七种手位。这七种手位在伸展、拉长方面更为明显，并有助于稳定重心和收紧背部。

一位：双手下垂，手心向里，两手靠近，但不能碰到一起，两手之间相距一拳远。肘部略微圆屈，上臂稍离身体，不要夹紧。

二位：在一位的基础上，双手向前抬至胃的高度。

三位：在二位的基础上，双手抬至额头的斜上方，在视线范围内。

四位：一手在三位，另一手在二位。

五位：一手在三位，另一手在七位，即二位手向旁打开。

六位：一手在二位，另一手在七位。

七位：两臂向两旁打开，从肩肘部到手腕保持很好的一条圆弧形。

2. 把杆训练之擦地

擦地是腿部训练中的一项基本练习，可以锻炼脚背、脚踝和整个腿部，加强肌肉控制。

（1）一位旁擦地

1）动作要领及注意事项

第一，身体的重心在主力腿上，动力腿脚尖用力，全脚向正旁擦出。

第二，先全脚擦地，边擦边绷脚背，脚跟逐渐抬起，脚背完全绷起，脚尖不离地，擦出至最大程度为止。

第三，擦出时脚跟往前顶，外开收胯，脚尖与主力脚成一条直线。

第四，收回时，从脚尖、脚掌到全脚用力沿原路线收回到原位。

2）训练步骤

音乐用4/4拍，慢拍，如苏格兰民歌《友谊地久天长》。

准备动作：双手扶把杆，一位脚，眼看正前方（以右脚为例）。

1×8 擦出。

2×8 收回原位。

3×8 动作同1×8。

4×8 动作同2×8。

5×8 第1~4拍，擦出；第5~8拍，收回。

6×8 动作同5×8。

7×8 第1~2拍，擦出；第3~4拍，收回；第5~8拍，动作同1~4拍。

8×8 动作同7×8。

（2）一位前擦地

1）动作要领及注意事项

第一，身体的重心在主力腿上，动力腿保持正直向前擦出到最大程度。

第二，擦地的过程脚跟向前顶，脚尖与主力脚的脚跟成一条直线。

第三，脚尖主动沿原路线擦地收回原位。

2）训练步骤

音乐同一位旁擦地训练音乐。

节奏同一位旁擦地训练节奏。

（3）一位后擦地

1）动作要领及注意事项

第一，身体的重心在主力腿上，重心不能随动力腿的移动而移动。

第二，两腿完全伸直，从胯到脚尖都要外开、绷直、收紧。

第三，动力腿向后擦出，脚尖领先擦出，与主力腿脚跟成一条直线。

第四，收回时，用脚跟带劲，由脚尖、脚掌到全脚擦地收回原位，不能只用脚的内侧着地擦回。

2）训练步骤

音乐同一位旁擦地训练音乐。

准备姿势：双手扶把杆，一位脚，眼看正前方。

节奏同一位旁擦地训练节奏。

3. 勾绷脚

（1）动作要领及注意事项

第一，双手轻轻搭在把杆上，后背保持直立，腰椎向上拉直，头顶上悬。

第二，勾、绷脚到位。绷脚强调脚背的绷，勾脚强调脚后跟用力。

第三，两腿并拢，膝盖直、脚背绷，脚尖向前向远伸。

第四，擦地时位置要准确。

（2）训练步骤

用2/4拍轻快、活泼的音乐，如苏佩的《轻骑兵进行曲》。

准备姿势：双手扶把杆，一位脚（以右脚为例）。

1×8 第1~4拍，右脚旁擦地；第5~8拍，勾全脚。

2×8 第1~4拍，右脚旁擦地；第5~8拍，收回一位。

3×8 第1~2拍，右脚旁擦地；第3~4拍，勾全脚；第5~6拍，右脚旁擦地；第7~8拍，收回一位。

4×8 动作同3×8，速度加快一倍。

5×8 动作同 1×8，方向相反。

6×8 动作同 2×8，方向相反。

7×8 动作同 3×8，方向相反。

8×8 动作同 4×8，方向相反。

4．蹲

蹲是双腿的屈伸练习，主要锻炼跟腱、膝关节及大腿肌肉的弹性、控制力，为弹跳训练打基础。

（1）蹲的动作要领

第一，双手扶把杆，直视前方。

第二，一位脚，整个身体犹如被紧紧夹在两个平面中，身体重心上下直线移动。

第三，臀部前顶找脚跟，膝盖外开找耳朵。

第四，下蹲时头上有如重物下压被迫下蹲，但又要有往上顶重物的感觉。站起时要有往上顶的感觉，在与内在力量的对抗中进行。

第五，蹲和起的过程一定要连贯、柔韧、有控制地进行。

（2）半蹲

1）动作要领及注意事项

第一，双手扶把杆，双脚跟离地，双膝屈，抬头、沉肩、收腹、上身直立。

第二，下蹲时不能撅臀部，臀部和脚要跟在一个平面上。

2）训练步骤

音乐用 4/4 拍，行板，如肖邦的《小夜曲》、理查德·克莱德曼的钢琴曲《水边的阿狄丽娜》等。

准备姿势：双手扶把杆，一位脚。

1×8 半蹲。

2×8 控制。

3×8 直立。

4×8 控制。

5×8 第 1~4 拍，半蹲；第 5~8 拍，直立。

6×8 动作同 5×8。

7×8 第 1~4 拍，半蹲；第 5~8 拍，控制。

8×8 第 1~4 拍，控制；第 5~8 拍，直立。

（3）全蹲

1）动作要领及注意事项

第一，在半蹲的基础上继续下蹲，蹲到最大程度，抬起脚跟，蹲到臀部接近脚跟。

第二，站起时，臀部与脚跟仍在一个平面上，要边起边压脚跟。

2）训练步骤

音乐用 4/4 拍，行板，如柴可夫斯基的《如歌的行板》、理查德·克莱德曼的钢琴曲《玫瑰人生》等。

准备姿态：双手扶把杆，一位脚。

1×8 全蹲。

2×8 直立。

3×8 第 1~4 拍，全蹲；第 5~8 拍，直立。

4×8 动作同 3×8。

5×8 全蹲。

6×8 控制。

7×8 控制。

8×8 直立。

5. 小踢腿

小腿踢是急速有力的动作，能够有效地锻炼腿部肌肉和后背的力量，提高动作的速度和控制能力，为大踢腿等动作做准备。

（1）动作要领及注意事项

第一，身体重心在主力腿，动力腿擦地快速有力地推地踢起，在 25°的位置停留。动作要急速有力，干净利落，停顿位置要准确。

第二，收回时，脚尖轻点地、擦地收回。

第三，身体重心在主力腿上，不能晃动。

第四，动作要脆、轻、巧而有力。

（2）训练步骤

音乐用 2/4 拍，进行曲速度，如马奎纳的《西班牙斗牛士》。

准备姿势：双手扶把杆，一位脚，眼看正前方，两腿肌肉收紧，收腹收臀，后背夹紧（以右脚为例）。

（3）分解练习

向前小踢腿：

第 1 拍，向前擦地脚尖点地。

第 2 拍，脚尖离地抬起 25°。

第 3 拍，脚尖落下点地。

第 4 拍，收回。

向旁小踢腿：

第 1 拍，向旁擦地成脚尖点地。

第 2 拍，脚尖离地抬起 25°。

第 3 拍，脚尖落下点地。

第 4 拍，收回。

向后小踢腿：

第 1 拍，向后擦地脚尖点地。

第 2 拍，脚尖离地抬起 25°。

第 3 拍，脚尖落下点地。

第 4 拍，收回。

（4）组合训练

1×8 第 1~2 拍，向前小踢腿；第 3~4 拍，收回；第 5~8 拍，动作同 1~4 拍。

2×8 第 1 拍，向前小踢腿；第 2 拍，收回；第 3~8 拍，动作同 1~2 拍。

3×8 第 1~2 拍，向旁小踢腿；第 3~4 拍，收回；第 5~8 拍，动作同 1~4 拍。

4×8 第 1 拍，向旁小踢腿；第 2 拍，收回；第 3~8 拍，动作同 1~2 拍。

5×8 第 1~2 拍，向后小踢腿；第 3~4 拍，收回；第 5~8 拍，动作同 1~4 拍。

6×8 第 1 拍，向后小踢腿；第 2 拍，收回；第 3~8 拍，动作同 1~2 拍。

7×8 动作同 3×8 拍。

8×8 动作同 4×8 拍。

换左脚练习。

6. 芭蕾手位组合

（1）动作要领及注意事项

第一，保持身体直立，挺胸收腹，直腰拔背。

第二，手位准确，手臂要有延伸感。

第三，眼随手动。

第四，正确运用呼吸。

（2）组合训练

音乐用 4/4 拍，用相对抒情的音乐，如威尔·詹宁斯和詹姆斯·霍纳合著的《我心依旧》等。

准备姿势：身体对 8 点，五位脚（右脚在前），一位手，目视 2 点斜上方。

1×8 控制。

2×8 手上至二位，眼随手动。

3×8 手上至三位。

4×8 右手向下二位，成四位。

5×8 右手打开到七位，成五位。

6×8 左手下至二位，成六位。

7×8 左手打开成七位。

8×8 收至一位。

7. 擦地组合

（1）动作要领及注意事项

第一，擦地时身体保持直立，胯部不能晃动。

第二，前、旁、后擦地的位置要准确。

第三，擦地时脚尖要有延伸感，擦到最大程度。

第四，手臂动作与擦地动作要协调，富有美感。

（2）组合训练

音乐用2/4或4/4拍，中速，如比才的《哈巴涅拉舞曲》等。

准备姿势：身体对8点，五位脚（右脚在前），一位手，目视2点斜上方。

1×8 第1~2拍，右脚向前擦地，手变六位，目视8点；第3~4拍，脚收回五位，手位控制；第5~8拍，动作同1~4拍。

2×8 第1拍，右脚前擦地；第2拍，收回；第3~4拍，动作同1~2拍；第5拍，右脚前擦地；第6拍，三位半蹲；第7拍，重心前移到右脚上，左脚后点地，左手变手心向下；第8拍，左脚收五位。

3×8 第1~2拍，左脚向前擦地，手位控制；第3~4拍，收回；第5~8拍，动作同1~4拍。

4×8 第 1 拍，左脚后擦地；第 2 拍，收回五位；第 3~4 拍，动作同 1~2 拍；第 5 拍，左脚后擦地；第 6 拍，三位半蹲；第 7 拍，重心前移到左脚上，右脚前点地；第 8 拍，身体转向 1 点，右脚收五位前，双手收一位。

5×8 第 1~2 拍，双手打开七位，右脚旁擦；第 3~4 拍，右脚收五位后，半蹲；第 5~6 拍，左脚旁擦；第 7~8 拍，左脚收五位后，半蹲。

6×8 第 1 拍，右脚旁擦；第 2 拍，收五位后；第 3 拍，左脚旁擦；第 4 拍，收五位后；第 5~8 拍，动作同 1~4 拍。

7×8 第 1~2 拍，左脚旁擦；第 3~4 拍，收五位前，半蹲；第 5~6 拍，右脚旁擦；第 7~8 拍，收五位前，半蹲。

8×8 第 1 拍，左脚旁擦；第 2 拍，收五位前；第 3 拍，右脚旁擦；第 4 拍，收五位前；第 5 拍，身体转向 2 点，左脚旁擦；第 6 拍，收五位前；第 7~8 拍，半蹲直立一次，手收一位。

换左脚练习。

8. 小跳

跳，在舞蹈基础训练中属于难度较大的技巧性动作。

跳的动作有小跳、中跳、大跳。我们主要讲解小跳，小跳能锻炼脚掌、脚踝快速推地的能力，脚背有力绷紧的能力，腿部肌肉和腹肌快速收紧的能力，膝盖快速伸直的能力。

（1）一位小跳

1）动作要领及注意事项

第一，身体始终保持直立，后背有力。

第二，先半蹲，然后快速起身的同时，绷脚推地跳起，膝盖在空中用力绷直，脚背用力绷到位。

第三，落地时先落脚掌，再到全脚，成一位半蹲，直起还原。

2）训练步骤

音乐用2/4拍，中速，如老约翰·施特劳斯的《拉德斯基进行曲》等。

准备姿势：一位脚，一位手。

4拍一次：准备拍半蹲，1-跳起，2-落地半蹲，3-直起，4-再半蹲。

2拍一次：准备拍半蹲，da-跳起，1-落，da-直起，2-半蹲。

1拍一次：准备拍半蹲，da-跳起，1-落地半蹲即跳起，连续做3个停1个或连7个停1个。

（2）二位小跳

1）动作要领及注意事项

同一位小跳，只是跳起后在空中保持二位，落地时先落脚掌，再到全脚，成二位半蹲。

2）组合训练

音乐同一位小跳训练音乐。

准备姿势：二位脚，一位手。

节奏同一位小跳。

（3）五位小跳

1）动作要领及注意事项

第一，身体始终保持直立，后背有力。

第二，起跳和落地同一位小跳，但在空中两腿要夹紧，保持五位。

第三，落地时要换脚。如第一次左脚在前跳起，落地时换成右脚在前，第二次右脚在前跳起，落地时换成左脚在前，如此反复进行。

第四，落地时胯和脚要打开，否则会踩脚。

2）组合训练

音乐同一位小跳训练音乐。

准备姿势：五位脚，一位手。

节奏同一位小跳，落地时换脚。

（4）变位跳

1）动作要领及注意事项

同一位、二位、五位小跳。

2）组合训练

音乐同一位小跳训练音乐。

准备拍 4 拍，最后 1 拍半蹲。

1×8 第 1~3 拍，一位小跳 3 次；第 4 拍，停；第 5~8 拍，动作同 1~4 拍。

2×8 一位小跳 7 个停 1 个。

3×8 第 1~3 拍，二位小跳 3 次；第 4 拍，停；第 5~8 拍，动作同 1~4 拍。

4×8 二位小跳 7 个停 1 个。

5×8 第 1~3 拍，身体转向 8 点，五位小跳 3 次（前后变位）；第 4 拍，停；第 5~8 拍，动作同 1~4 拍。

6×8 五位小跳 7 个停 1 个。

7×8 第 1~3 拍，身体转向 2 点，五位小跳 3 次（前后变位）；第 4 拍，停；第 5~8 拍，动作同 1~4 拍。

8×8 五位小跳 7 个停 1 个。

尽全力为你喜欢的观众表演

在上把杆这部分练习中，我常让学员想象自己不是在练习室，而是在舞台上，尽全力为台下的观众表演，在限制中展现最大的自由。专心致志，充满勇气。不必管别人在做什么，更无需和别人比较，只要认真专注地做自己正在做的事，并且精准完成，如此就能展现出漂亮的生命风景线。

当你找到愿为之付出的兴趣，并定好目标后，就要严格要求自己，并自我训练。我们需要自强不息的正能量，对自我不断探索，对潜能不断挖掘，永不止步。

这种"反地心引力"的形体训练，能磨炼我们的身体和心性。"反地心引力"的控制训练能教会我们与惰怠和松懈作斗争，在有些刻板和僵化的训练体系中看到自身的局限，学会谦卑和敬畏。也是与自己"较劲"的过程，为我们的身体重新回到"大地"的重心做了坚实的铺垫。

美学是一个感觉的世界

美学这个词源于拉丁文"Aesthetica"，原意为"感觉学"。感觉，即眼、耳、鼻、舌、身等感官的感受，印度佛学很早就关注到五个感官的感受分别对应形、声、香、味、触五感。

我坚信美与生命深度融合，相互交融。我们的文化、历史中蕴藏的美学是令人惊叹的。正因如此，代代传承的使命使我们能够让生命展现最美的一面。蔡元培先生说的"美是一种宗教、一种信仰"，就是从这个角度说的，它不完全是艺术的部分。所以，年轻人不要考虑自己是不是自讨苦吃，而是要在生命的包容性、承担责任方面有更宽广的"同体大悲"的慈悲心。

痛也很重要，痛是对生命的警告。汉字的"痛苦"是味觉的苦和触觉的痛，这两者形成了生命里最顽强的部分。

认知世界需要勇气，认知自己需要智慧和耐心。世界到底是什么样子的？有勇气迈出第一步的人会向你诉说比目的地更宏伟的发现之旅是怎样的。

世界需要勇敢的人。理智的极限是对自己诚实。成功不取决于你得到的东西，而取决于你朝着梦想走了多长时间、走了多远的路。

二、现代舞——地势坤

19世纪末20世纪初，西方现代舞出现，对身体的重心开始有了不同的思索和新的运用。重心，摸不着，却实实在在影响着不同的时代风貌、不同的美学风格。在舞蹈领域，很明显地可以窥出脉络。整个亚洲地区的舞蹈，像泰国、印度，腿几乎都是弯的，重心在下半身，日本也是一样。如果说西方的芭蕾舞想要接近"天"，那么东方舞蹈的"重心"则在"地"，拥抱泥土，倾听众生。

弓起身子、感受大地的玛莎·葛兰姆，脱掉鞋子、脚踩自然的伊莎多拉·邓肯，这两位现代舞先驱的舞蹈虽然着力点不同，风格不同，却似乎不约而同地向东方文化探寻，而且都希望"重新找回人身体的自然"。

1. 玛莎·葛兰姆：把重心"抓回地面"

把重心从"云端"抓回地面的技巧，相当典型且著名的就是"玛莎·葛兰姆技巧"。她让身体回到地面来，以缩腹和伸展为基础，运用呼吸强化这种状态：吐气时急剧缩腹，吸气时拉平腹部，伸展脊椎。

玛莎·葛兰姆充分运用身体与地面的关系，将身体重心贴近地面，再透过地面，由身体的脊椎来带动力量，带动情感，带动舞蹈。

近几十年，现代舞中的"接触即兴"，使舞者的身体重心有了更多可能性。接触即兴就是舞者们即兴通过彼此接触，重心交换创作的舞蹈。类似借力使力，但双方接触时，不能只是"碰到"而已，而是一方一定要把身体的重心"交给"另一方，另一方也才有"力量"让彼此的动作发展下去。这个过程，也是舞者们学习给予和信任的过程。或许，这也是饶有趣味的生命课题吧。

2. 伊莎多拉·邓肯：美即自然

邓肯在她的自转中表示，她最初的舞蹈灵感和冲动来自淙淙的大海、轻柔的花朵、飞舞的蜜蜂和翱翔的鸽子。在她看来，大自然中的一切都在跳舞，而且比人类更自由、更放松。事实上，大自然是她的第一位舞蹈老师。她认为，舞蹈艺术源于人类自然运动的原始力量和自然的波浪运动。她还认为，舞蹈的任务是寻找自然界中最美丽的形体，并发现表达这些形体内在精神的动作。她对美的感觉可以用一句话来概括：美即自然。将身体从烦琐的衣服中解放出来，通过舞蹈表达自己内心的力量。

她的舞蹈在美国被称为现代舞（Modern Dance），但在巴黎最初被称为自由舞蹈（Free Dance），这也是后面我们将提到的创造性舞蹈精神的由来。

3. 找到自己文化的重心

太极和东方文化的力量在"下盘"，深深扎根泥土的脚踏实地。

从 20 世纪 90 年代起，以现代舞闻名的台湾云门舞者们的日常训练，在林怀民的带领下，在原有的芭蕾舞、现代舞技巧、京剧基本功等日课外，增加了太极导引、静坐与武术——这些注重内在调息的训练，都蕴藏着身体文化、中国哲学。他们的重心不仅仅停留在下盘，而是通过意念的引导，可以达到"入地三尺"的境地。

从外在的跳动，回归到观照体内气息的流转，再形之于外。那段时日，舞者们渐有领会，心灵和肢体都得到很大开发。之后，云门发展出舞作《流浪者之歌》。

中国人通常将重心放在腹腔内的丹田，导致身体线条上窄下宽；而西方人的重心在胸腔内的膻中穴，形成了像健美先生那样肩宽臀大的体形。

中国人讲顺其自然，不是去对抗，而是去融合。当人运用意念，将身体的重心如扎根般往地里延伸，重心便如同"落地生根"，人也就沉稳无比，八方推不动了。

人体是个小宇宙，借由呼吸和天地这个大宇宙进行呼应和沟通。人和天地都要旋转才能运转不息，因而舞蹈发展出旋腕转臂、旋腰转脊、旋踝转胯等螺旋形动作，呼吸在其间游走。

吸气时，如鸟要飞腾起来的感觉；吐气时，如落叶缓缓飘下。原是养生、练身的功法，在舞蹈的领域中演化出富于意蕴的美感。以练功而言，身体练出了弹性与韧性，气血通达五脏六腑；以舞蹈而言，肢体练出了游刃有余，既柔且韧得千姿百态。

1998 年，云门舞出了《水月》。舞台上，是一幅如卷轴舒展、绵延不绝、气韵跌宕的自然风景，舞者个个剔透澄明，姿态优美。

"云门"转换重心练习的法门——逆式呼吸

重心的调整，呼吸的导入，使云门的作品进入新的境界。

云门舞者借由太极导引练习"逆式呼吸"，简单来说，做时双手举高，使会阴和百会位于一条直线，接着吸气，提会阴（或说提肛），借由意念，让气沿脊椎，从腰、胸、颈、头，到顶，如登梯般一层层上去。吐气时，再一层层降下来，回到原点。这是需要长时间练习的。

一般的呼吸将吸入的气充塞于胸部，呼出的只是二氧化碳，无法将体内其他废气排出，久而久之经络不通，气血就像河流逐渐淤塞。深度的逆式呼吸，则可通过内部脏腑，扩散至四肢，使全身无处不流通。

太极导引还讲"松柔"，由呼吸带动意念，进入身体各处，松开各个关节。

学会了呼吸，再检视以前学过的舞蹈技巧，会发现以往是从外在的形象去学习、练习舞蹈的，而呼吸训练是从内在开始，在一次又一次的吸气吐气中，深入自己的身体和心灵。于是，动作开始有了生命，因为它有了呼吸。

你的呼吸有多强，你的动作就有多强。你呼吸的能量有多少，决定了你的动能有多少。如果没有好好呼吸，在舞台上就没有控制权。呼吸，也是控制身体的那把钥匙，能量由它启动。

呼吸，为云门舞者开拓了身和心，也为云门舞开展了新的艺术美学。从《流浪者之歌》《水月》，至《行草》《狂草》等，此后皆有脉息流长。

呼吸的美妙，除了绽放在舞台上，也渗透在生活中，持续影响着云门人。

第二节　从中国舞精神到"身韵"——根在传统文化

重心，与生活形态、身体结构息息相关。此章节承接重心的回落，简要回溯中国舞蹈的发展历程，并结合中国古典舞的身韵基本动律元素，试图在蕴含身体文化和中国哲学理念的一举一动之间，汲取传统文化与美学丰富的养料，接通我们自己文化的根脉。

舞蹈，是人类生命的韵律，是人类生命活力和情感本质的直接表现，是人体在时间和空间上创造的一种审美状态。舞蹈在中国历史悠久，五千年的中华文明之路上始终有舞蹈的印迹。自先秦以来，中国舞蹈几经变化，其中具有代表性的舞蹈包括先秦时期融合诗、乐的女乐舞蹈和雅舞，汉代的器具舞蹈和舞象，唐代的燕乐舞蹈，以及宋元时期的"队舞"，等等。时运交移是导致中国舞蹈表现形式发生改变的原因之一。美学前辈宗白华指出："由舞蹈动作延伸、展示出来的虚灵的空间，是构成中国绘画、书法、戏剧、建筑里的空间感和空间表现的共同特征，而造成中国艺术在世界上的特殊风格。"① 又说，"舞，是中国一切艺术境界的典型。"② 的确，从中国舞蹈中，我们能感受到整个中国传统艺术的根本形态和特征。

在舞蹈演变的历史过程中，其营造的动态视觉意象的本质并未随着舞蹈的表现形式而发生变化。因此，周的雅乐舞蹈、汉的百戏舞蹈、唐的燕乐舞蹈、宋元的"队舞"……都只是中国舞蹈的共有本质和艺术精神在不同的历史阶段的不同表现形式。与中国古老文明共存的古代舞蹈，为今人留下了五千年的思想历史、精神体验和审美历程。

一、太极——以静制动

1. 中国舞的圆与太极意象

中国舞蹈的"圆"与中国传统哲学思想密切相关。换句话说，中国哲学思想的边界形成了中国舞蹈的"圆"。

如上所述，《周易》的阴阳五行、天人合一和宇宙规律

---

① 宗白华．美学散步［M］．上海：上海人民出版社，1981：79.
② 宗白华．美学散步［M］．上海：上海人民出版社，1981：69.

是中国古代社会生活的基础，这是因为《周易》构建了一个以自然、社会和人类历史为元素的世界，并提出天人合一思想，强调天和人的关系是相互依存、相互影响的。

《周易》的哲学思想在太极图中以简洁而集中的形式得到了体现。太极图运用大圆环、S线和两个圆圈，辅以黑白色彩相互交错，共同构成了表达基本易理的意象。首先，大圆环表示太极。《周易正义》曰："太极谓天地未分之前，元气混而为一。"中国人视"气"为宇宙万物的生命本体和根源，所以太极图外圈的大圆环象征元气混一的主轴空间。S线分割的两部分象征宇宙间对立统一的阴阳二气。《周易·系辞上》曰："易有太极，是生两仪，两仪生四象，四象生八卦。"《周易》认为太极生成天地万物，而起决定作用的是阴阳之间的变化。两个小圆圈为黑白二鱼各自的鱼眼，象征"阴中阳""阳中阴"。

太极图的意象涵盖很多复杂的理念和深刻的哲理，图中的两仪、四象、八卦等元素关乎生命、自然、宇宙和社会，契合宇宙本体。黑白二鱼凸显出的相生相克体现了对立与统一的辩证关系，同时这种回旋均衡的运动变化与人、自然、宇宙的和谐统一也通过图中外圆内转的特征表现得淋漓尽致。而中国舞蹈当中的圆形态，与上述太极图的特征相吻合，中国舞蹈平圆和立圆相对而言比较纯粹，正如太极图之中的外侧大圆环；8字圆与大小圈相套的形态虽与太极图不同，但本质与内涵十分相似，"8"与"S"二者是相通的。下面我们就8字圆进行分析，针对这个与太极图差别最明显的舞蹈之圆，分析中国舞蹈之圆和太极之间的关系。

将横向的8字圆代入太极图进行分析，可以看到8字圆中包含两个对称的"S"，这两个S位置相反，与太极图中央的曲线相同，都给人一种亦阴亦阳的神秘感。舞蹈8字圆的动感形态可以让人感知太极图中显示的宇宙原理，即"反者道之动""生生谓之易"，可见，8字圆充分展现了生命运动本身显现的"反""复"规律。

8字圆属于"太极八卦思维"范畴。这种思维的最大特点就是对立统一的辩证特质，以及对不断循环、周而复始的运动模式的肯定。中国舞蹈的8字圆可谓不折不扣地展示了这一切。

8字圆的意象与太极意象对照，二者不仅在S线的"形"上相似，在"质"上也类似。通过上面的比较，我们能够看到，二者都表现出浩瀚宇宙万物归一的境界：就形态而言，太极图和8字圆都体现了圆润、流畅、平衡、和谐的特点；就意象而言，二者都体现了"小中见大""一中有万"的境界。太极图和8字圆均有万物归一的意象妙境：太极图中有天地阴阳，8字圆中有一气运化；太极图黑白相衬，8字圆左右对称；太极图中有相生相克，8字圆中有对立统一；太极图寓意周而复始，8字圆寓意循环往复；太极图暗含宇宙规律，8字圆包容时空意象……

太极图体现了古人对于宇宙和世界的思考和理解，而以8字圆为形态表现的中国舞蹈，属于可观可感的范畴，具象方面具有准确性，抽象方面具有明确性，其行气运体显示着体验生命、感悟宇宙的内在追求。在对形式技巧的掌握和舞蹈艺术本质的理解达到一定层次之后，人们开始体悟宇宙本体和舞蹈之"道"。

舞蹈的本质是生命情感与动作的结合，而8字圆则象征着舞蹈运动的规律，同时也蕴含了人类生命的神秘之处。8字圆是中国舞蹈的一个象征，因为它包含了时间和空间的概念，所以也是一个具有时间和空间的舞蹈的具象符号。8字圆是反映文化意识的镜子，也是对太极易理的物态化和写意化。因此，8字圆形态的舞蹈律动反映了太极思维，同时也承载着太极意象。

明代律学家、音乐家、舞学理论创始人朱载堉提出了一个非常有价值的命题："学舞，以转之一字为众妙之门"，也就是说，"转"字被认为是中国舞蹈美学的精髓和核心。这不仅是朱载堉对中国舞蹈现状特点的总结，也是站在中国哲学的高度对舞蹈之"道"的理论概括。

"道"是中国哲学的基本范畴，是一个很复杂、很难用几句话解释透彻的概念。大体而言，"道"是宇宙自然的规律，它不受人的意志控制，旨在自身的系统中体现宇宙的本真和真理。中国舞蹈的"道"，反映着中国哲学的"道"。其"转"之法，遵循着乾旋坤转的易理。因此，舞蹈中的"转"是一个阴阳平衡的、圆润的圈，阴中含阳，阳中含阴，持续循环。

"转"用图形表示，就是一个圈。所以，中国舞蹈的圈，实际上是一种符号。它既是中国文化里情感、伦理哲学的符号，又是以划圈为特征的中国舞蹈运动模式的符号。这个符号犹如太极八卦图那样，蕴含着中国哲学的重要理念，且妙合太极思维，积淀着中华民族文化的深刻内涵。

2. 乐之"宇宙境界"与舞之"天地圆融"①

在中国文化中，音乐被视为天地精神的象征。《吕氏春

① 袁禾. 舞蹈与传统文化 [M]. 北京：北京大学出版社，2011.

秋》云："音乐之所由来者远矣。生于度量，本于太一。太一出两仪，两仪出阴阳，阴阳变化，一上一下，合而成章。混混沌沌，离则复合，合则复离，是谓天常。天地车轮，终则复始，极则复反，莫不咸当。日月星辰，或疾或徐，日月不同，以尽其行。四时代兴，或暑或寒，或短或长，或柔或刚。万物所出，造于太一，化于阴阳。"音乐对华夏民族具有重要意义，被认为是天道秩序的载体和天地融通的和谐符号，是天生万物的自然整体的和谐表现，通向深邃的宇宙境界。

音乐在古代称为"乐"。古代"乐"之概念，是诗、乐、舞三位一体的综合性艺术，舞蹈是"乐"的重要组成部分。古籍《太平经》将"乐"（乐舞）分为小、中、上三个层次，由此形成三种境界：初境"乐人"——"达欢"，中境"乐治"——"协政"，上境"乐天地"——"象和"。就舞蹈而论，当它表现宇宙自然的和谐时，也就达到了天地圆融的理想境界。应该说，对宇宙运动的体悟和象征性表现，自古就是传统舞蹈的追求，这从典籍中可以得到证明。《左传》云："夫舞，所以节八音而行八风。"《礼记·乐记》曰："清明象天，广大象地，终始象四时，周旋象风雨。"朱载堉的《乐律全书》载："圆在外，方在内，象天圆地方也……文先左旋，武先右旋，终而复始，象四时也。"这些记载都说明，传统的乐舞理论主张"取法于乾坤"，遵循宇宙"造化之理"，以求舞蹈能"与天地同和"。

中国舞蹈所追求的天地圆融的境界，不仅体现在理念上，而且实实在在地体现在舞蹈的运动模式和表演上。从前文可知，中国舞蹈的运动模式是"圆"，这样一种划圆动律，体现着传统文化对宇宙运动规律的认识和效法造化自然的艺术思维。同武术一样，中国舞蹈讲究"子午阴阳，求圆占中"。具体来看，两手一阴一阳，脚步可分为虚实，身体有前俯和后仰、伸展和内收。舞蹈动作可动可静，有刚有柔，整体编排有退有进，有离有合。同时，舞蹈动作往往来自两种"力"，即身体之中互为对抗却相互依存的力量。这些均来源于自然之中的阴阳原理，展现出辩证统一的传统文化特征。

实际上，中国舞蹈体现的辩证统一和相生相克，正是中国传统文化思维方式和特征的表现。例如，书法"起有分合缓急，收有虚实顺逆，对有反正平串，接有远近曲直"；"词之章法，不外相摩相荡，如奇正、空实、抑扬、开合、工易、宽紧之类是也"；音乐"小大相成，终始相生，倡和清浊，迭相为经"；绘画"黑白尽阴阳之理，虚实显凸凹之形";等等，都体现着中国传统文化崇尚自然、效法自然的特点。所以，中国的艺术，无论是创作手法的以形写神、象形取意，还是作品的龙飞凤舞、阴阳圆融，都是中华民族在与天地万物、宇宙自然相感应的过程中体悟、创造的结果。肯定自然与人的联系，奉守"天人合一"之道是中国传统文化的一个重要特征。

早在《易经》形成时期，人的精神生活与自然现象之间的联系就已十分牢固了。《周易》中的八卦就是取象于天地、水火、风雷、山泽八种自然现象，并以其相互交错变化作为立卦依据。《诗经》中的"昔我往矣，杨柳依依；今我来思，雨雪霏霏"，也是人在情感上受自然物性的感染，深深领悟到自然之品性，从而借以表达内心的写照。孔子的"知者乐水，仁者乐山；知者动，仁者静；知者乐，仁者寿"等名言，更是明确了山水的自然品性与人的精神品质的类似和相通。

清人石涛在论画时说，"山之得体也以位，山之荐灵也以神，山之变幻也以化，山之蒙养也以仁，山之纵横也以动，山之潜伏也以静，山之拱揖也以礼，山之纡徐也以和，山之环聚也以谨，山之虚灵也以智，山之纯秀也以文，山之蹲跳也以武"，说明了不同形态的自然物象具有各不相同的精神品质。春水悠畅清丽，兰竹高风亮节，玫瑰娇艳带刺，杨柳温柔纤弱，大海深邃广阔，雷电气势磅礴……大自然的各种景物都具有一定的人格品质，能给我们提供一些象征性的精神内容。中国的艺术非常善于表现自然，善于借自然引发人们对宇宙对人生的思考。

二、身韵——气韵生动

1. 身韵的训练价值和美学意义①

"身韵"是"身法"和"韵律"的综合体，前者属于技法范畴，后者则是艺术内涵。只有将两者有机结合，才能充分展现中国古典舞的特色和审美精髓。它体现了"形神兼备、内外统一、身心并用"的理念，并通过强化身体训练，达到"以神领形、以形传神"的效果。实际上，"身韵"代表了中国古典舞艺术的灵魂。尽管它将"身法"和"神韵"的训练方法纳入同一概念，但深入分析可以发现，"身韵"实际上包含了四个不可分割又各具特色的方面，即"形、神、劲、律"。

---

① 唐满城.论中国古典舞"身韵"的形、神、劲、律［J］.舞林论丛，1989，2.

（1）形

外在的体态、动作和姿势，是中国古典舞最基本的艺术特征之一。艺术无形则不精彩，因此"形"作为表达和传达艺术效果的媒介至关重要。在中国古典舞的形态训练中，舞者需要注意以下三点：

1）培养自我审美意识和气质，比如通过"挺拔而含蓄""刚劲而柔韧"等矛盾协调的审美意识，增强静态体态的美感；

2）掌握不同姿态、动作之间的运动轨迹，使其流畅自然，就像书法艺术需要掌握笔法的规则一样；

3）注重形态之间的过渡和转换，保证表演方面的连贯性和流畅性。

"形"应该包含哪些内容？舞台上展示的"形"多种多样，我们无法"照单全收"。我们只要找到最核心、最本质形态特征的"一"即可——"一生二，二生三，三生万物"。我们通过对传统艺术审美特征和各种典型舞蹈姿势的分析，可以得知，在"形"上首先要解决身体的"拧、倾、圆、曲"和"刚健挺拔、含蓄灵动"。中国舞蹈对人形体的"拧、倾、圆、曲"的强调绝不是某个人发明的审美标准。比如秦汉时期舞俑的"塌腰翘臀"、唐代的"三道弯"、现代戏曲舞蹈中的"子午相""阴阳面""三块瓦""拧麻花"、民间舞中的"碾、拧、转、韧",还有中国武术中的"龙形"和"八卦",无一不展现着人体在"拧、倾、圆、曲"中的美感。想要呈现体态的曲线美,需要相应的素质和能力,所以这是一种技能。人体的"扭曲、倾斜、圆润、弯曲"是整体形象。从局部来看,"头、颈、胸、腰、裆""肩、肘、腕、臂、掌""膝、踝、足、步"都有具体的要求,训练是必要的。

人们常以"行云流水""龙飞凤舞""曲折婉转""闪转腾挪"等形象化的词语来表达对古典舞的赞赏,这些词实际上都离不开运动中的"圆"和"游"这两个特征。古典舞确实非常注重空间上的"圆"美和流动上的"游"美!然而,无论"圆"怎么变化,都离不开"平圆、立圆、八字圆"这三种最基本、最典型的运动轨迹。

因此,这正是我们必须掌握的训练环节和特点。从技法和方法的角度来分析,我们会很容易发现形成人体"三圆"运动的关键在于腰部的运用。有人说:"身法即腰法。"从腰部的运动中,我们进一步提炼出了以腰部运动为核心的"提、沉、冲、靠、含、腆、移"这七种最基本的动态元素。这七种动态元素不仅能为各种多变的"圆"动作做好准备，还能衍生出更加丰富、更具典型特征的以"圆"和"游"为特点的舞蹈动作。

综上所述，在"形"的训练中，"身韵"注重"拧、倾、圆、曲"的形体美，以腰部的动感元素为基础，以"平圆、立圆、八字圆"的动作路线为主体，以传统中优秀典型的动作为基础，希望更多的舞者能真正理解和掌握。

（2）神

在中国文学评论中，神韵是一个极其重要的概念。无论是诗歌、绘画、音乐还是书法，都离不开这个词。但究竟什么是神韵？古人说，这是一种"无迹可寻，透彻而细腻"的感觉。词语背后的意思只能被理解，不能被传达。有人说："气魄像一条神龙，让人看不到开始或结束，或两者都看不到。"神韵真的如此重要和难以理解吗？我们相信，至少在古典舞蹈的人体动作中，神韵是被认可的，而只有正确把握了"神"和"形"，古典舞才有了生命力。

京剧教育家钱宝森先生有一句精辟的总结："形三、劲六、心意八、无形者十。"在他看来，在舞蹈动作中，"形"只占3分，"劲"占6分，"心意"占8分。我们明白，这并不是说"形"不重要，而是"形"可以通过模仿来实现，"劲"和"心意"要通过训练和用心来实现，而赋予"形"

活力的正是"劲"与"心意"。当"形""劲""心意"被整合成一个整体，从而进入一个更高层次的艺术境界，即"看不见"时，才是真正的"形神一体"，"找不到痕迹"。因此，人体的艺术表达从"必要的王国"进入"自由的王国"，才是舞蹈训练和艺术表达的真正目的。

"心意"和"神"在舞蹈中体现了舞者的心态和内涵，其真正意义在于通过自我意识、意念和感觉来驱使舞蹈动作，而不仅仅是机械地完成动作。这赋予了舞蹈生命力，超越了舞蹈动作单纯的功能性要求。马少波在关于盖叫天的文章中说，盖叫天之所以与众不同，是因为他在表演时，经常想象自己是"一朵变幻的云，一只飞翔的鹰，一棵随风飘动的柳，一股缓缓升起的烟……"多么生动和充满活力啊！

所谓"心、智、气"，就是"神韵"的体现。人们常说"眼睛是心灵的窗户"，事实上眼睛只是传达精神的工具。眼睛的"聚、放、合、凝、闭"并不是指眼睛本身的运动，而是指眼睛由心灵节奏的支配所表达的结果。在"体韵"的训练中，每一个简单的动作都应该是增进魅力的过程。我们说，人类运动的魅力不是神秘、抽象和不可知的，而是艺术灵魂在其中发挥着主导作用。

（3）劲

经常听到有人评价舞蹈演员"姿势好，劲不对"。那么，什么是"劲"？它实际上赋予了舞蹈动作内在的节奏、层次和力量。中国古典舞蹈的运行节奏与2/4、3/4和4/4式的常规节奏不同。它的节奏通常舒适而不慢、紧凑而不混乱、静止中有动、相对自由却又有规律。

就"身韵"而言，中国古典舞强调训练舞者在动作中的力量，力量的使用不是平均的，而是有轻重、缓急、长短等的区别，这些有节奏的符号都是通过人的动作来表达的，这是为了真正掌握和理解"劲"的使用。"劲"贯穿于整个动作过程中，在结束时尤为重要。无论是歌剧、芭蕾还是武术，都非常重视动作结束前瞬间的节奏处理。古典舞就更不用说了，它有以下几个典型的亮相"劲头"："寸劲"——姿势、角度、方位都准备好了，用一寸之间的力量"画龙点睛"；"反寸劲"——给即将结束的体型一个强烈的反作用力，从而加强和烘托最终的造型；"神劲"——一切都完成了，用你的眼睛、四肢和呼吸来创造一种延伸感，让它"神圣而不可阻挡"。此外，还存在着"刚中有柔""韧中有脆""急中有缓"等差异，这一切都可以通过训练来实现。

（4）律

"律"这个字包含了动作本身的节奏和所遵循的规律。一般来说，动作和动作之间应该是连贯的，也就是"顺"的，这就是"正律"。如果动作流畅，就可以一气呵成，如行云流水。"反律"在古典舞蹈的律动中也很重要。就每一个特定的动作而言，古典舞中也有"一切从反面做起"的说法。也就是"逢冲必靠、逢左必右、逢开必合、逢沉必提、逢前必后"的运动规律，正是这些特殊的规律，产生了古典舞蹈独特的美学特征。

无论是一气回天的顺势推舟，还是相得益彰的逆势而行，抑或是"逆而起"，都体现了中国古典舞的圆、动、变、幻之美，而这恰恰是中国"舞蹈节奏"的精髓所在。从人体整体运动的角度分析"形、灵、力、韵"的特征，进而产生和实现"形、灵、力、韵"的统一，这是中国古典舞"体韵"的出发点和归宿。

2. 气韵生动

（1）有关"气韵"

气韵是中国传统艺术的共同追求，也是中国美学的核心范畴之一。具体到舞蹈，"气"既有物质的含义，又有精神的含义，它既是生命的物质元素和动作发力的基础，又是主体的精神力量。所以，在舞蹈中，气韵之"气"是人的生命力在形体动态中的艺术呈现；气韵之"韵"，是一种超越人体生物学意义的精神风范。

傅毅《舞赋》云："气若浮云，志若秋霜。"平冽《舞赋》言："乐者所以节宣其意，舞者所以激扬其气。"我们的传统文化讲究"道法自然"。而人与自然在精神品质上最重要的联系在于中国古典哲学对自然、人体、宇宙与"气"的关系的认识。古人认为，"气"的消长是天地万物生成、运动、变化的根源。汉代王充《论衡》云："天地，含气之自然也。"又云："人之所以生者，精气也。"作为舞蹈活动的主体——人，活动的空间，"气"的多种形态使得两种舞蹈得以诞生，从这个角度来看，可以将舞蹈看作是"气"与"气"之间相互影响所发生的艺术活动。

若从运动角度来看，可以将舞蹈看作是人体之"气"与宇宙之"气"相互感应而产生的律动，即人体之"气"以四肢动作释放"力"，并与自然之中的"气"相互反应产生关系，二者占据不同的虚空，承受不同的压力，构成不同的方位，形成不同的"气象"。

这种律动是中华民族对浩瀚宇宙的自然感应，对外部虚空那流动、沉浮、聚散的"气"的感知结果，也是对体内外"气象"的主观体验和表现。通过形体运动将感受到的"气象"外化出来，是一种想象呈现，当想象性"气象"经过抽象变成律动之后，其"气象"即呈现为一种抽象动态。当然，这种抽象化的过程必然经历了漫长的岁月。

从一定程度上来看，中国舞蹈之圆是一种"气象"，展现的是气的循环往复和无休无止的运动意象。太极图中间的 S 线代表宇宙之"气"的流行和运化，标志着"万物自生其间"。因此，中国舞蹈中的划圆具有非常深刻的哲学渊源。

在中国传统观念中，人体小宇宙与天地大宇宙同构同性：天有四时五行，人有四肢五脏；大自然有山川流水，人体有筋骨血脉。因此，只有人才能最大限度地表现大自然的生生不息，确证并展示宇宙的生命。

事实上，古人正是从对自身生命的认识、体悟中逐渐形成了对宇宙的认识——"夫天，元气也"；也正是出于对生命的崇拜和珍惜，才产生了从哲学到艺术，从宇宙到万物的"气"的观念。这意味着，中国古代的宇宙意识是由人的自我生命意识开启的。从中国古典哲学、美学的"精气说""神形论"到中国舞蹈的"精气神"，无不透露着强烈的生命意识。

在这个大前提下，当人们评价艺术时，自然而然就以象征生命的物质——气、血、骨、肉、脉来比喻，并进一步延伸到精、神、魂、魄。比如书论中讲"血润骨坚"，画论中讲"骨法——气韵"（谢赫），诗论中有"血脉流通"（朱熹），文论中有"事义为骨髓"（刘勰）、"精神气血"（刘熙载）。苏轼更是明白无误地指出："书必有神、气、骨、肉、血，五者缺一，不为成书也。"康有为也说："书若人然，须备筋、骨、血、肉，血浓骨老，筋藏肉洁，加之姿态奇逸，可谓美矣。"这些都说明，神、气、骨、血、肉是作为生命象征成为中国艺术的评价标准的。由此可知，中国艺术之终极追求，归根结底是指向生命境界和宇宙境界的。

（2）画之"以形写神"与舞之"神形兼备"

"以形写神"是东晋顾恺之在《论画》中提出的美学命题。顾恺之主张通过对对象的传神写照来表现其内在神韵，以期创作出活生生的艺术形象。传神写照重在以"形"写"神"。"形"是外在形态，绘形的目的在于传"神"。而形与神的关系早在汉代《淮南子》中就有论述："以神为主者，形从而利，以形为制者，神从而害。"又曰："神贵于形也，故神制则形从，形胜则神穷。"

《淮南子》阐释了"神"与"形"的主次关系导致的不同结果：凡以"神"统辖"形"的，作品必然有生气、有韵致，凡将"形"置于"神"之上的，则作品只能是一种缺乏灵性的躯壳。此后，南朝宋宗炳《画山水序》提出了"以神法道"；宋代苏东坡亦认为"论画以形似，见与儿童邻"；北宋沈括也说"书画之妙，当以神会，难可以形器求也"；元人杨维祯还说"论画之高下者，有传形，有传神，传神者，气韵生动是也"；清人王夫之亦说"两间生物之妙，正以神形合一，得神于形……"这些论述，都对神主形的美学观给予了充分肯定。

"神"与"形"的关系在戏曲舞蹈表演中的体现，钱宝森做了总结——"形三、劲六、心意八，无形者十"。"形"在舞蹈中作为可视可感的物质运动，是舞蹈的本体，是舞蹈表情、达意、传神的媒介。"形"之于舞蹈，犹如"声"之于音乐。然而，即便如此，"形"对于舞蹈意象的创造，也只占三成，因为"形"的呈现并不是舞蹈的最终目的；"劲"是心理内在节奏付诸外部形体动作的力度式样，有了它，舞蹈表演可达六成；"心意"即"情志"，属于演员的心性素质，当演员融入自身的情感体验时，表演就有了八成；"无形者"即"神"——那种摸不着看不见却寓于人体又主宰人精神的非物质存在，演员具备后表演则为"十"。

演员只有完全投入作品，和舞蹈融为一体，和舞蹈燃烧在一起，才能进入神形化一的境界。及此，舞蹈表演也才可称作十全十美，故"无形者十"。舞蹈如果缺乏"神韵"，只追求"形美"，是很难打动人的。"无形者十"道出了"神"对于舞蹈的统领地位。大家所熟知的杨丽萍自编自演的《雀之灵》，其表演就达到了以神领形、以形传神的境界。杨丽萍利用指、臂、各关节的律动和手、腕、肩、胸的表现力，对孔雀的"形"进行了细致入微的传神表演，将孔雀的神采、灵动及生命活力表现得惟妙惟肖。

（3）书之"飞舞流动"与舞之"龙转凤翔"

在中国传统艺术中，舞蹈和书法是本质最接近的艺术，它们的相似之处在运动性、抽象性、情感表现性、形式法则、追求气韵等几个方面都有展现。

书法和舞蹈的共同点，首先是对"线"的表达，它们都是在运动中创造意义。两者之间的主要区别是，前者是瞬间的律动，后者则相对宁静。

如果不使用现代技术，如摄影和录像，舞蹈就无法保留其形象。换句话说，舞蹈的审美意象在时间上是如此有限，以至于在表演之后就消失了，舞蹈中人体的线条运动自然也随之消失。在这个意义上，舞蹈是瞬间艺术。书法则不然，一旦字被写在纸上，只要不有意销毁，就会永远留存下来。

书法是点和线的空间形式在时间流中的轨迹，而舞蹈是点和线的时间流在空间中的投射。两者共同的时间空间特质和运动决定了它们艺术形象的相似性。

舞蹈的审美意象并非在舞蹈结束时展现，而是在舞蹈进行中展现。书法的主要价值不在于文字符号本身的意义，而在于笔墨及字体线条和结构的形式之美，这种形式则是一种运动过程。一个人同样可以形成自身意象，正如简单的舞蹈运动也拥有自身意象一样。此外，书法的动感并不因作品的静止而消失。

经历漫长的岁月，汉字从象形文字演变成了独特的汉字，由抽象的点、线组成。书法不仅是汉字的实际象征意义，也是一种表达丰富内心和创造美的艺术形式。舞蹈是通过将人体动作进行抽象和提炼形成的。与象形文字相比，抽象的身体动作更具表现力，能够将人的情感和思想表达得更为丰富和自由。

中国舞蹈有一个身法规律："动作从反面做起"——"欲前先后，欲左先右；欲开先合，欲放先收；欲提先沉，欲进先退；逢冲必靠，欲行必止"。在书法中，使用笔的技巧也是遵循一些原则的，比如"无垂不缩，无往不收""点必隐锋，波必三折"。中国舞蹈强调"柔中有刚，刚中带柔""进退有节，张弛合度"。书法还认为"违而不犯，和而不同，带燥方润，将浓遂枯"。

中国舞蹈要求具备"流动的力量"，并要表现出圆、曲、拧、倾、含、腆、收、放等动作。同样，书法要求在不同的情况下运用不同的技巧，如"落笔处要力量，横勒处要波折，转搂处要圆劲，直下处要提顿，挑跃处要挺拔，承接处要沉着，映带处要含蓄，结局处要回顾"。这些原则和技巧都是为了在书法和舞蹈中达到更好的表现效果。二者都强调"阴中阳、阳中阴"这一对立中求统一的辩证哲理。

据此，人们才不难理解为什么张旭在观看了公孙大娘舞剑后会"草书大进"。

舞蹈之所以能对书法产生直接影响，除了形式方面的因素外，还在于书与舞都讲究气韵。因此，无论是"飘然转旋回雪轻，嫣然纵送游龙惊"的古代舞蹈《霓裳羽衣舞》，还是"鸿蒙未开清浓烈，浴血人性奏交响"的当代现实舞剧《高粱魂》，都显示着融通流动的生命活力和气韵。

故舞蹈之讲"气"，与书法毫无二致，诚如项穆《书法雅言》所云"未书之前，定志以帅其气；将书之际，养气以充其志"；虞世南《笔髓论释真》所谓"气如奔马，亦如朵钩，轻重出于心，而妙用应乎手"。可见，同舞蹈一样，书法有了"气"，才有了那自由奔放、"望之若惊电奔云"的气韵动势。

综上所述，书法是纸上的舞蹈，舞蹈是空中的书法。舞蹈与书法的相通相近，不仅仅在一招、一式、一点、一画等具体的表现形式，更在动律、气韵、传情等方面的规律特征。二者线条的迂回婉转、循环往复，以连贯不息的气韵连贯地表达宇宙的生命力，体现了中国人的时空意识和审美趣味。

第三节 小结——动静相宜

"动"与"静"是生命不可或缺的能量,要让乐音"动"得精彩、"动"得漂亮,"静"是必需的元素。懂得"静",才能掌握"动"。

例如,中国武术和太极练的就是"向里面看"的能力,向内启发。中国武术虽然是由"动"开始,但是历经华夏文化千百年来的发展,已将道家哲学、中国传统中医学,都包含、凝练在其中了。因此,不会只是向外武动,而是能动也能静,蓄积生命的厚度。

有了"静","动"才有内涵与广度。每一招里面都是"动"中有"静","静"中有"动";每一个套路,也是"动""静"相兼相济。动了之后,归于静,就像秋收冬藏,把能量收归于己身,储存起来,不致散失。

"动"的生命力,往往来自"静"的涵养。要把生活过好,把事情做好,就让"安静"为身与心留一片天地。

卷　三

"乐者乐也"
——创造性舞蹈的"心"探索

　　舞蹈是一个不断发现的过程，可以揭开关于身体和心灵的许多秘密。在思想、语言、想象和思维之外，还有许多无法用语言表达的感受，会通过身体运动埋藏在身体深处。

我们的传统文化讲究"道法自然""法无定法"。从这个角度看，究竟该如何开始学跳舞，其实并没有标准答案。

　　如果我们对舞蹈的要求只限于强身健体，舞蹈动作难免缺少艺术气质。舞蹈吸引人之处，在于有感觉、有想象力、有表达力。如何让对身体陌生的人在舞蹈中体会身体、感觉自己，进而表达情感，是需要时间去体验、体会并探索的。

　　不同的舞蹈形态背后隐藏着不同的身体文化，如果能活用身体，便能使舞蹈表现出多种风情。从创造性探索身体经验开始，到达某一阶段后，会渴望有具体的舞蹈作品，以便在舞蹈作品中学习、感受编舞者所创造的美感。总之，不同的美感熔于一炉，彼此之间并无排他性，不妨融合运用。

　　舞蹈是一个不断发现的过程，可以揭开关于身体和心灵的许多秘密。在思想、语言、想象和思维之外，还有许多无法用语言表达的感受，会通过身体运动埋藏在身体深处。例如，悲伤和快乐的感觉，疲劳和轻松的感觉，焦虑和恐惧的感觉。你对身体的认识和体验越清楚，你就越明白身体的成长、变化和接受度，通过这些感受和体验，可以形成另一个"我"。这个"我"不仅仅是身体，不仅仅是头脑，而是整体，整个"我"。创意舞蹈是一种艺术形式，是身体自我发现的旅程。

第一节　创造性舞蹈的"心"体验[①]

自由舞动，可以宣泄、释放身体的紧张感，可以让我们慢慢体会自己的身体，逐步认识身体的体态、结构、呼吸、重心等。

一、舞蹈元素让我们跟自己更贴近

固定架构的舞蹈课程自然有它的优势，但也可能成为一种模式（pattern），让我们举手投足就得是某种架势。模式愈多，就愈难自然舞动。我们也常用这个模式的标准去判断舞蹈表现是美是丑、是好是坏，如此一来，心中也就有了负担。许多人害怕跳舞，觉得自己没有舞蹈天赋，其实都是源于此。

舞蹈元素其实可以帮助我们认识各类身体运动的长处，

---

① 李宗芹. 就是要跳舞［M］. 北京：社会科学文献出版社，2014.

例如太极拳、芭蕾舞、街舞、武术……都有独特的舞蹈元素。

哲学家叔本华说："丢开平常看待事物的方法。"我们只要增加一个维度，尝试着了解舞蹈动作中的元素和自己的关系，就能自在地舞动身体，扩充身体语言，安心又不紧张地跳舞。让我们从认识舞蹈动作的元素开始，让身体表现不同的性格。

人对身体的感受从一出生就有了。最初主要影响婴儿接触世界的人，通常是母亲或照看他们的人。照看者在抱着婴儿、说话、给婴儿喂奶时，都给婴儿传递着身体的信息。照看者的身体状态是紧张、焦急、安稳或自在，都会通过身体默默传递给婴儿。婴儿本身的身体动作也在影响他们的发展。身体是自我的象征，每个身体都散发着独特的信息，它是我们对外在世界感知的接收器。

创意舞蹈的目的之一就是通过自由舞动来表达自己，没有好与坏、对与错，只有身体是否适合，最重要的是寻找和体验做事的新方法。

但是在跳形式固定的舞蹈时，因为它们都有既定的组织与风格，想要跳好就得有一些条件，例如勤练习、由浅入深、一步一步学（从模仿开始），否则连个样子都摆不出来，这也是许多人跳舞时受挫的原因之一。

创造性舞蹈能让大家学会用肢体来表达自己的生活体验，同时释放自己的身心压力，它是我们接纳身体，完善自己，探索生活的媒介。生活中有很多这样的媒介，比如练书法、弹古琴、朗诵、歌唱等。不管我们尝试哪种方式，先不要在意"行不行"，而要先想办法寻找能帮助我们打开自己的元素。好的媒介能让我们往内与自己靠近，度过生命的辛苦时刻，抚慰我们的灵魂。

创造性舞蹈让我们和自己更贴近。如果想和自己更贴近，和自我的感受合一，不妨再深入一点，探究一下舞蹈的动作元素。

当我们舞动身体时，尝试放下一切，解放身心。尝试让视觉、触觉、平衡感、肌肉知觉、动作敏感度以及新动作的创造经验一起被唤醒。此时，让身体通过看、听、亲身经验，把脑海中的想象拉出来——问问自己，是什么在动？如何动呢？哪一部分先动？又如何牵动另一部分？它们之间的关联又是什么？

你可以在地上爬行，模仿动物——这些动作看似简单，但我们体验的并不只是爬或跑的动作。你会体验到不同动作水平线的不同，感受到不同身体部位与地面接触感觉的不同，并由此探索身体更多可能性，从身体的探索经验中寻找并发现适合自己的生存与发展之道。

创造性舞蹈注重每个人的独特性，本质是用符合个人的方式，将个人内在的潜质转化为外在的身体直接表现方式，并非将民间舞或者芭蕾舞简化处理，并非和着一段音乐自由舞蹈或模仿已有的舞蹈形式。创造性舞蹈应从感觉出发，将感觉同身体动作、语言结合在一起，让整个人完全投入，在无拘无束、自由自在中创造出舞蹈动作。

1957年，舞蹈家拉班对舞蹈做了新的诠释："无论在教育方面还是在娱乐方面，舞蹈和动作都是分不开的；舞蹈的经验建立在宇宙基本的动作形式上。换言之，任何人都必须先经历动作的探索，才能将动作以不同形式表达出来，不同的表达呈现出各种不同风格的舞蹈。"

对于动作和舞蹈之间的异同，拉班认为，动作和舞蹈之间的相似点在于两者的基本技巧，如走、跑、跳、跃等；相异之处则在于动作的质量、感觉、组合及节奏。因此，舞蹈包含了想象力和组织力的运用，并以身体语言来表达。动作是肌肉的运动，舞蹈则属于心灵的活动，两者皆为生命活力的根源。然而相比之下，舞蹈是一种心智层次较高的活动，而动作本身就是一种语言。动作是一个人对自己内心世界的响应，内心世界借由做、演、舞表达出来，每一种动作都有它的特质。这些特质不但与人的个性气质相关，也都离不开基本的元素：空间、时间、力量、流动、关系。这些元素贯穿我们的生命，也和我们的心理状态相呼应。

舞蹈常被纳入很多体能活动中，比如游戏、体操、球类运动、跳绳等等。这些体能活动借由舞蹈增加肢体的表现，呈现体能之外的美感。这类活动可以助益我们的身心，帮助我们应对实际生活中的挑战。

拉班认为，我们进行"功能性"或"表达性"的舞蹈活动都要用到身体动作。这两种活动质量是不同的，一种是以身体的肌肉运动为主，另一种则属于心灵活动。两者虽然都可以增强生命活力，但仍可以区分为"做"和"舞"。"做"是有目的的，借着"做"，增强人的生命活力；而"舞"是原始艺术的表达方法，借着"舞"，使人体从"做"的紧张中放松下来，并疏解个人情感。

二、用舞蹈表达自己

无论是古典舞还是流行街舞，参与者只要能尽情舞动身体并与他人进行互动，以创造性舞蹈的精神表达舞蹈的元素——时间、空间、力量、流动……这个过程就值得我们练习和体会。

1. 空间（space）

我们也许没有意识到，我们每天都在主动或被动地受空间的影响。我们身处不同的空间，唤起的情绪也是不同的。林谷芳在《落花寻僧去》中，就将自己抛入大江大河中，感受自然和无常。赖声川在《赖声川的创意学》一书中也提到了建筑空间对人的影响。所以，空间的大小和形状会影响我们身体活动的范围。

身体在空间中存在，即使静止不动，也塑造出了一个形状。身体的空间可以无限大，也可以无限小，看你如何去审视它。身体也可以塑造出空间，呈现不同的效果。

空间可以影响我们，我们也可以在空间中记录自己身体的位置，感受自己的体态，清楚自己身体各部位在空间中的状态。

在舞蹈动作中，空间是极具弹性的。下面，让我们一起来认识构成空间的要素之一——形状。

2. 形状（shape）

形状是身体在空间中呈现出来的最明显的元素，可以由一个人的身体来塑造，也可以由一群人的肢体通过整体造型来表现，还可以使用道具、服装等相互配合来塑造。

而我们的身体因肌肉、骨骼运作的不同，造型也会有许多不同。

比如，舞蹈元素中的"流动与力量"。当身体肌肉愈强壮有力、身体反应愈灵敏时，意象也会更清楚、更准确。

在跳舞的过程中会出现一系列的动作元素，如果将这一系列元素分别进行练习，就如同将树木分解为树叶、树枝、树干等，而树才是整体，我们只有先熟悉了树的整体架构，才能进一步识别部分与整体的区别。

学习舞蹈元素是为了在身体感官的刺激下，在舞蹈的多种变化中连接感官通道，开启身体的智慧。

3. 流动（flow）

流动贯穿在所有动作之中，流动是生命的开始，是情感的表达。让我们来体会流动的动作，在流动中让自己挣脱束缚。

任何动作呈现时都具备两种特质，一种为自由流动，另一种为束缚流动。在自由流动中，我们可以体会到一种不受限、不停止的感觉，就像儿童自由自在地在草原上奔跑、跳跃、玩耍。束缚流动则受到限制，会让人体验到一种被勉强、被控制的感觉，如同穿针引线，你必须控制动作。

自由流动的动作让人觉得流畅，而束缚的动作则让人感觉稳定；自由流动相当于放松状态，束缚流动则相当于紧张状态。然而，两者都需要肌肉的张力，因此，身体肌肉的张力决定了流动的质量。

但是，自由流动与束缚流动一样重要，许多人简单地以为动作有好坏之别，事实上，动作并没有好坏之分，只有使用得当与不当之别，而且大多数时候两者并存，也就是说在流动中有控制，在控制中又有自由。

三、引导者充当创意推手

在创造性舞蹈的场域，舞者作为引导者的重要性不仅在于具备舞蹈技巧，还在于自身的性格魅力和引导能力。也就是说，引导者必须具备一种吸引人的力量。这种吸引力并不是美丽的外表或服装，而是个人个性与身体语言所散发出的魅力和动作中洋溢的个人特质。

引导者作为创意推手，不管处于什么年龄，都可以尽情舞动，并享受自我创造的喜悦和乐趣。一些固定模式技巧的学习，譬如：民族舞、芭蕾舞等训练方式较为模式化，似乎与创造性舞蹈不相干，可事实上，创造性舞蹈与固定模式舞蹈之间并没有泾渭分明的界线。

创造性舞蹈的精髓，可以归纳为以下六点：

1）在创造性舞蹈中，每个人都可以独创自己的风格。

2）创造性舞蹈是一种自我探索，而不是刻意学习或模仿。

3）创造性舞蹈是一种独立探索的学习，老师只是扮演一个引导者的角色。

4）创造性舞蹈可以培养和别人一起工作的能力，并增加自身敏感度（敏感也是对自我的感知）。

5）创造性舞蹈可以激发个人内在潜力。

6）创造性舞蹈需要持续探索学习，发掘广泛多元的新范式。

对引导者而言，最困难的部分是依照不同的上课对象创作课程，利用动作将已知的经验传授给别人，并共享训练进程中的体验和记忆。刚开始时，总免不了紧张、担心，但紧张有时反而会更好地完成工作，所以这个过程并不会浪费。

引导者要让学习者透过身体建立自己的动作库，成为自己的代言人，成为自己也成就自己。因为课程与活动是根据对象设计的，所以引导者要顺着感觉走，要欣赏每个人的独特性，并为其提供合适的方案。

总之，喜爱"人"，接纳各种不同特性的学习者，随时鼓励学习者有创意地表达自己，不忘赞美他们任何良好的表现，不忘加一点幽默，彼此都会没有压力。

除此之外，引导者更要因材施教，建立规则，要能从不同学习者的反馈中，了解每个人的特性。身为一名引导者，要评估并反省自己的教学方法是否适用，同时也要观察与评估他人的学习是否达到了预定的目标，这很重要。每一位引导者都有自己独特的偏好与评价标准，但必须尽量做到客观。

以下是几条经常能用到的评价标准：

能否依照学习者当时的状况随机应变？

是否能引起学习者的兴趣？

是否能让他们有安全感和成就感？

是否能将重点放在舞蹈元素的探索与觉察上？

是否能增进学习者的身体技巧与生理能力？

从某种意义上讲，创造性舞蹈重点不是学什么舞，而是鼓励一种开放、包容、接纳的态度，创造性基于对自我的重建和修复。

在创造性舞蹈的自由王国中，每一个有局限性的、渺小的个体都可以尽情绽放。生命不是比较，生命是完成。

第二节 舞蹈与心灵成长

"奥尔夫音乐教学法"是由德国著名音乐家卡尔·奥尔夫开发的。它是一个独特、创新和开放的音乐教育系统，也是当今世界上最著名和最有影响力的音乐教育系统之一。它给出了新的、反传统的音乐教育概念和方法，打破了以往"你教我学"的传统模式，以人为本，更注重对学习者主体性、主动性、个性、创造性以及创新实践等综合能力的培养。

一、建立新的节奏教学

1. 奥尔夫教学法的创新性

奥尔夫的教学体系，在行为方式上经常将歌唱、演奏、朗诵、舞蹈及其相应的表演方式融为一体。在创立该教学体系时，奥尔夫吸收了来自不同领域的艺术思想和实践成果。

114

节奏是综合艺术中最核心、最基本的要素，能将语言、动作、音乐融为一体。多年来，有关形体的训练一直遵从着以芭蕾把杆为主的古典式训练方法。芭蕾的形体训练方法和效果是公认的，当然也是至关重要的，但是它对舞者的肢体协调性与节奏感都有着极高的要求。这种"程式化""模式化""你教我学"的教学体系容易忽视学员个人生理和心理的个性差异，忽视学员的主体性、主动性、个性和创造性，很难让人产生真正的兴趣。

　　奥尔夫认为，表达思想和情绪，是人类的本能，人们通过语言、歌唱（含乐器演奏）、舞蹈等形式表达，自古如此。其实，在学习过程中，自然而然地唱、奏、舞并不难，这是因为这些表现形式与人的本性相符，人们能够从基于自我天性的探索中获得各种满足。

　　我们的节奏教学是在保留基本成形的瑜伽热身、芭蕾把杆形体训练和基本体态礼仪训练等的基础上，从朗诵入手，引入奥尔夫教学法中最核心和基础的节奏教学和动作教学。

　　节奏由节拍、速度、律动等多种元素构成，是时值（音符时间值）的表现形式。音乐心理学理论通常认为，所谓节奏，就是将各种不同形式的声音（长短不一、轻重不同）进行组合，通过在音乐中流动的时值表现，形成听觉心理上的感觉。

广义的节奏可以包括自然界和社会生活中所有有规律和变异形态的节奏，例如脉搏、呼吸、日落日出、潮汐等的节奏。然而，人对节奏通常有主观感知力，因此，对于同样的节奏，不同的人的心理感知是不一样的。节奏可以说是与人体生理、心理感知活动密切相关的音乐要素。

在音乐中，节奏是组织音乐进行的时间，也有人将其称为音乐的骨架。没有节奏就失去了这个"感觉"的基础。很多人在进行形体训练时肢体不够协调、律动感不强，这都与没有找准节奏有关。要想解决这个问题，仅按照原来程式化的训练方法恐怕不行，我们可以借鉴奥尔夫教学法中的节奏训练和动作训练来帮助唤醒我们潜在的节奏感。

2. 朗诵入手

语言是一个人的文化构成中最重要和最基本的组成部分，因此有"母语"或"母文化"的说法。基于本土文化的音乐教育是奥尔夫音乐教学法的一个重要概念，它代表了我们这个时代从文化价值到教育内容最明显的变化之一。从语言出发，创造性的节奏教育，无疑是学员进一步熟悉、了解本土文化的保障。

奥尔夫在他的作品中巧妙地结合了叙述、朗诵和语音合唱，为作品增添了戏剧性。有人认为，奥尔夫音乐的核心是文本，而音乐则是文本和叙述的点睛之笔。例如，在《安提戈涅》中，抒情、叙事、舞蹈和戏剧元素融合在一起，通过有节奏的朗诵来呈现，有时在短小而有效的管弦乐伴奏中，低音的坚定伴奏为朗诵中快速重复的声音提供了节奏背景；而在《普罗米修斯》中，奥尔夫实现了从文字中获得音乐的理念，达到了情感宣泄的纯粹境界。正如他所言，表达越质朴、纯粹，效果就越直接而强烈。因此，简洁成为奥尔夫作曲的重要美学原则之一。他努力在简单中表达音乐的美，尽量使用最简明、最简单的音乐语言、音乐形式和音乐技巧。

在我国现实条件的背景下，节奏教学有待于在实践和研究中进一步探索和发展，以下几种仅供参考。

（1）用姓名进行节奏朗诵教学

奥尔夫教学系统中使用了"节奏基石"一词。所谓节奏基石，是指在一种语言中，由具有一定音乐意义的最短单词和短语组成的最小节奏单位。以名字为例，中国人的姓名通常是两个字或三个字，也有少数人是双姓，他们的姓名是四个字。用姓名进行韵律性背诵训练会给学员带来惊喜，增加他们的存在感，进而对韵律性训练产生兴趣。

老师可以选择三种节奏，指挥所有学员一起读。当大家都能准确掌握节奏后，可以适当改变音量，甚至可以改变速度（快慢）、连续性和断奏（音色）等。

（2）语气的游戏

语言以声音为物质外壳，声音的音调、节奏等与音乐的许多元素相似。由于文字内涵丰富，这些元素在口语中的应用会有更多的情感色彩。汉语的语调极其丰富，其中一些与词义有关。如果进行这方面的训练，通过语言的语气能够更好地理解语言的情感含义。这绝不是仅靠技能技巧就能获得的。

这种练习能培养学习者的洞察力、表现力、沟通能力等。具体方法：选择人们日常生活中常用的一个字或一个词，每次只选用一个字或词，一人说一遍，然后大家讨论该字或词的意思，充分挖掘其内涵；在"说"的同时，也可以加入表演；大家也可以讨论每个人"表演"的准确性，每个人表演的"内容"不能重复；在这一过程中，教师的任务是对学员进行指导，并提示、鼓励他们，使游戏顺利进行，对于内向胆小的学员，要加倍关爱和鼓励，同时促使学员之间相互理解、相互支持。

（3）嗓音的声响游戏

每个人的嗓子本身就是一件乐器，嗓子不仅可以用来说话、唱歌，还可以发出其他声响，是名副其实可以创造音乐作品的乐器。我们可以从熟悉、单一的声音开始模仿，如动物叫声等，慢慢发展到模仿比较复杂的声音，对声音特征的模仿犹如为一个事物寻找一个符号提示，对培养创造力是极好的。

再比如声响即兴。每人任意发出一种声响，由其中一人来指挥声音的大小，可即兴创造出许多意想不到的"合音"。声响即兴也可结合形体动作（有故事情节或无情节的）的即兴创作。一个人做动作，众人（或一个人）用声响把动作的"意思"表现出来，如走、跑、转，激烈的、柔和的，向下、向上……让学习者用游戏的形式接触自己的嗓音，探索嗓音的表现力，增加对生活的体验和积累。

（4）节奏朗诵小品

拟定一个题目，以个人或小组为单位，创作一个有情节的小品，所有台词都要按节奏说出来，可以采用独说、重说、合说，也可以加上动作、打击乐伴奏来增强表演效果。与专业的语言教学不同，这些表演是有节奏和声音的。

通过朗诵有节奏的小品，可以提高学习者观察生活的能力和创新思维能力。

二、建立新的礼仪动作教学范式

奥尔夫研究了原始人和儿童的成长过程，发现音乐、运动、舞蹈和语言原本是紧密相连的。我们以往的教学多围绕技巧和技能展开，常常过多运用理性，而忽视了值得同等关注的感觉和情感。因此，需要恢复这种宝贵的本能，这是人类本身所固有的。如今，整个社会都在发展音乐教育，它的重要性不言而喻。

通过身体各部位的动作和身体的造型，结合游戏、形体表演、即兴的民族舞等，礼仪动作教学可以创造出新的内容和教学方法。

1. 礼仪动作教学的目的

（1）平衡身心发展

音乐可以让人的身体和心灵（精神）全面而平衡地发展，将运动纳入音乐中，这也是奥尔夫倡导的原始音乐教育。中国在西周时期就有通过音乐和舞蹈进行音乐教育的方法。

（2）培养敏锐的听力、注意力、反应能力

这种教学方法的关键不是让学员听着音乐做规定的动

作，而是听着音乐有意识地做有节奏的动作。认真倾听可以提高辨别力、注意力和反应能力。这种"身体外化"是"音乐"的外化，与倾听是否准确、反应是否准确无关。

（3）培养创造力

根据听到的声音（音乐）身体即兴做出动作的反应，可以鼓励我们自我表达和创造的欲望，是一种非常有效和容易学习的培养创造力的方法。

对于相同符号系统之间的模仿（如从语言到语言、从动作到动作），只需要具备模仿和反应的能力，无需创造力和想象力。对于不同符号系统之间的模仿，需要将特征和符号意义从一个符号转移到另一个符号，特别是在比较抽象的声音或动作之间转移时，想象力是必要的。当我们通过动作来表达声音的感知特征，如音高、方向、强度、音色和质地时，想象力变得非常重要。由于声音具有非定量性和多解性，动作可以更自由，这为创造性思维提供了广阔的空间。

（4）提高节奏感

我们把身体当作乐器，通过运动来探索自己与生俱来的节奏感，可以体验并获得更敏锐、更细腻的节奏感。人的运动本身是很有节奏感的，在日常生活和劳动中，从最简单的走路到运动，都有丰富的运动节奏。童年时期是最佳的能通过运动迅速培养节奏感和身体感觉的时期。在这个年龄段，通过运动的节奏训练，身体的协调性、心理和身体的敏感度和表现都能达到很好的水平。这个方法很简单，效果也很好。对于错过最佳年龄的青少年、成年人甚至是老年人来说，运动是恢复潜在的节奏本能和弥补失去的心理和身体协调性的最好方法。

（5）培养音乐感

音乐能使礼仪动作更富有节奏感，更具美感和感染力。当我们听音乐时，我们通过身体动作来表达我们对音乐的感受，换句话说，身体动作是音乐的"化身"。

音乐的高低、走向、速度、节奏、音量、音质、音色以至音乐的情绪、风格、乐句、曲式结构等等，都可以通过运动来展现，甚至有可能用身体来"表演"整曲交响乐。这种方法在音乐教育中被用来培养感知力、理解力和音乐品位。因此，以运动为基础的音乐教育的目标是唤醒我们的本能，培养我们的节奏感，提高我们的协调运动能力，平衡我们身体和心灵的关系，磨炼情感，激发创造力，使我们全面健康发展。

2. 动作教学的内容与方法

结合动作的音乐教学内容非常丰富，包括声音的表现、身体各部位的动作以及它们在时间和空间中的运动，同时还涉及身体的造型活动、与游戏和形体表演的配合，甚至与即兴的民族舞和民间舞的融合。通过将这些元素交叉、融合，可以创造出新的教学内容和方法。由于人们一直在探索和发展利用身体和动作进行教学的各种可能性，所以这种教学方法本身也在不断演进。下面介绍的内容，仅是多种可能性中的一种。

声势

声势是用身体作为乐器，通过身体动作发出声音的一种手段。它是人类表达、交流情感的最原始、最直接的方式。它起源于语言和音乐之前，至今仍被人们使用。大型体育赛事中，人们用拍手、跺脚的方式来表达自己的情绪；在音乐会结束时，人们通过有节奏地拍手来表达温暖的情感；等等。

奥尔夫在他的《学校儿童音乐教材》中采用了被称为"古典声势"的声韵体系，融合了世界上很多民族舞蹈的基本语汇，其中跺脚、拍腿、拍手和捻指为最基本的形式。他以混声四部的形式编排了大量多声部的节奏练习和曲式结构练习，这些作品在音乐教学中被视为经典。学习和研究这些作品将使我们受到极大的启发。

1）声势的基本形式与方法

①拍手

放松肩膀和手臂，双手拍在胸前和腰前，将一只手（如左手）平放，拍另一只手（你可以根据自己的习惯使用双手，不必拘泥于必须使用哪只手）。开始时，可以尝试用右手指尖轻敲左手掌根部，右手边拍边向手掌心移动。在此过程中注意音量、音色的变化。练习时，一般用除右手拇指外的四指轻拍左手手掌，左手不动，以右手拍手为主，音量也由右手控制。不要用双手反拍，这样会影响速度，容易造成双臂紧张。通过这个练习，学员可以了解到拍手的不同部位音量和音色会发生变化。这个练习可以培养学员的观察能力、创造性思维。

②跺脚

跺脚的姿势有两种：站姿和坐姿。一般脚掌跺地，左右脚都可以，鼓励双脚都用。特殊用法是用脚后跟或前脚掌着地，用脚画弧线、圆圈等。坐姿是坐在凳子上，大腿的一半悬在凳子外。凳子的高度应该使大腿和小腿之间呈直角。跺脚时，脚掌微微抬起。站立姿势的动作是从脚跟开始，左右脚轮流做类似原地踏步的动作，注意脚后跟跺得不要太用力，以免因过度震动而损伤大脑。跺脚时，音量和音色也会发生变化，感觉到的变化越小越好。跺脚的声音相对较低，在合奏中适合作为节拍重音的声部。跺脚的节奏不宜过快。

③拍腿

双手自然放在膝盖上，手臂放松，拍腿，也可以用一只手拍腿。拍腿动作轻松自然，是四种姿势中最容易做的。拍腿比拍手更容易提高速度，压力也更小。拍腿可以创造更丰富的节奏，可以用于二声部练习，可以作为学习打击乐、酒吧音乐和键盘音乐的基础练习。跺脚除了能培养节奏感外，还是一种很好的协调左右手和放松的练习。拍腿音不够清晰，合奏时不能单独在重拍使用，会使重音不那么突出。

④捻指

捻指发声是指通过中指和拇指相互捻动发出的声音，对于很多人来说，这个动作很难掌握，可以用舌头轻弹发声来代替捻指发声。捻指发声可以通过不同的手势和高度来实现，很少单独进行训练，通常与其他发声技巧配合练习。捻指发出的声音音量较小，但音调较高，有时可以发出尖锐的声响，一般不适合用于重拍和复杂快速的节奏中。

除了上述四种基本形式外，声势的形式还有很多种，例如从对头部、面部和身体各个部位的拍打中获得极其丰富的节奏和音色变化。美国一位教师从美国的踢踏舞和拉美音乐舞蹈中获得灵感，他的声势表演可以说从头到脚都充满了音乐，人体的各个部位都被他运用得令人叫绝，包括夹臂、双臂摩擦身体、脚的各个部位踩在塑料泡泡或地板上发出的各种音调和节奏。

2）声势在音乐教学中的应用

①节奏训练

开始和停止的反应练习可以在老师的指导下用动作表示。"如果手掌朝上，意味着开始，如果手掌朝下或手背朝后，意味着停止。"教师还可以拍手，用眼睛或肢体动作配合。这种由动作表示的开始和停止指令，可以让我们建立良好的反应习惯。最重要的准备工作是让学习者把注意力集中在教师指导的动作上。

准备鼓掌。一起开始，全身放松，心平气和，调整呼吸，微微抬起双臂拍手，开始一次拍一下，逐渐转为有规律地每次拍两下或三下，并慢慢适应"看着指挥"。

全体一起拍掌，没有重音的延续。如果发现越拍越快，引导者还可像前面的练习一样，用休止符（两手向外翻打拍子）把学习者的拍率找回来。然后可以慢慢加进音量、速度变化等等。引导者也可以用钢琴或竖笛即兴演奏，用音乐的音量、速度变化带领学习者拍掌。

这种练习不是奥尔夫本人发明的，但奥尔夫教育体系中有大量这种不同节拍的混合练习。它利用语言、声势（律动）、打击乐器的方法，使这类在过去传统教法中被视为高深难度的技能变得比较容易了。

②声势伴奏——固定音型

声势伴奏法是声势律动教学方法在音乐教学中的运用形式之一，而固定音型伴奏法则是声势伴奏法的重要形式之一。"固定音型"（Ostinato），这个术语源自意大利语"Ostinato"，意为"顽固"，在中文翻译中常被称为"顽固低音""顽固节奏"或"顽固伴奏"。它指的是一段音乐中不断重复的小乐句或乐旋（通常为4至8小节），贯穿整个乐曲或某个部分。

在欧洲专业音乐发展中，固定音型最早出现于13世纪"经文歌"的旋律中，在15世纪后的复音音乐中，因多用于低音声部，被称为"固定低音"。在19世纪浪漫派音乐中，偶然还会听到和声性的（从主音到属音）固定低音。

这方面最有名也是最典型的例子，大概是法国作曲家莫里斯·拉威尔的《波莱罗舞曲》：两个主题各按原样反复了多次，只在最后一次才有了变化。

在中国民族管弦乐《阿喜跳月》中，也有一个固定的节奏类型贯穿始终（声音变化，节奏不变）。我们还可以从拉丁美洲、非洲、亚洲、澳洲的民间歌曲中找到大量这种固定音型的例子，四句一个乐段，也是一条大固定旋律。固定的音调模式（固定的节奏）不仅在奥尔夫为儿童创作的学校音乐教材中被使用，在他享誉世界的大型音乐剧中也得到了充分的运用，成为他独特的音乐风格之一。

这种固定的音调模式是节奏的基石，可以通过我们熟悉的语言、肢体动作和日常生活中的声音自然获得，也因此降低了技巧学习的难度，更容易掌握。

这种固定的音调模式，最容易即兴发挥，可以成为我们无意识地说话、运动、唱歌和演奏的方式。这不仅可以培养我们的即兴创作能力，还可以训练我们运用多种脑功能和身体协调的能力，同时也让我们唱、跳综合训练为一体的演奏成为可能。

第三节　小结

　　无论是"创造性舞蹈"还是"奥尔夫音乐教学体系"，都是极富特色、善于创新、开放的有机系统。这与我们传统艺术教育"你教我学"的方式完全不同。"综合和即兴"的音乐学习是奥尔夫特别强调的一个重要原则。奥尔夫指出，在学习中，一个人必须用他的大脑、手、脚和心来感受和表达音乐，于是他发明了一套奥尔夫乐器，这是一组比较容易掌握的打击乐器。同时，他还充分利用人体各个可能发出声音的部位，并称其为"人体乐器"。

　　奥尔夫的音乐教育实践内容丰富，形式多样，教法灵活，每一个过程对引导者和学习者来说，都是充满创造性的活动。

卷　四

礼仪之美
——文化在举手投足间

英国著名哲学家培根说："相貌的美高于色泽的美，而秀雅合适的动作美又高于相貌的美，这是美的精华。"因此，从某种程度上来说，一个人的优雅姿态比他的外表更令人印象深刻，具有更大的形象影响力。优雅的姿态往往比语言更能真实表达一个人的感情。

中国有 5000 年的文明史，被誉为"礼仪之邦"。礼仪文明作为中国传统文化的重要组成部分，对中国历史的发展产生了广泛且深远的影响，其丰富内容几乎渗透到社会生活的方方面面。

信息时代媒介发达，获取礼仪规范的渠道便捷多样，本篇不做面面俱到，只结合播音与主持专业应用频率最高的个人礼仪之体态礼仪、手势和表情礼仪做简要介绍，将重点放在探寻礼仪背后的文化内涵，以知行合一的态度践行中国传统文化的礼仪之道方面。

我国古代伟大思想家荀子云："礼，所以正身也。"意思是，礼是用以规范个人行为的，是人际交往的基本行为规范。鉴于此，学习礼仪，当坚持不懈，逐渐养成良好习惯，这是一个循序渐进的过程。

个人礼仪是一切礼仪的基础，一个人的仪容仪表、言谈举止，是个人性格、素质、兴趣、素养、精神世界和生活习惯的综合反映。

第一节 体态礼仪——无声胜有声

形体姿势是体态礼仪的重要组成部分，良好的姿态可以彰显一个人的气质、教养和内在美。英国著名哲学家培根说："相貌的美高于色泽的美，而秀雅合适的动作美又高于相貌的美，这是美的精华。"因此，从某种程度上来说，一个人的优雅姿态比他的外表更令人印象深刻，具有更大的形象影响力。优雅的姿态往往比语言更能真实表达一个人的感情。

优雅端庄的姿态需要几个条件：协调的四肢、匀称的体形、健康的肤色，以及自然优美的体态。在现实生活中，只有通过不断锻炼，增强身体的灵活性，才能获得健康、自然、匀称的体形。

一、站立姿态

站姿是人们生活中最基本的姿态，优雅的站姿是形成人体不同质感动态美的起点和基础，同时也是一个人良好气质和风度的表现。在服务行业中，站立是一种最基本的服务姿态。

1. 基本站立姿态要求及要领

站姿一般要求身体自然挺拔，要达到"抬头看脸，侧身看线"的目的。具体要领是：从正面看，身体要直立向上，两眼直视前方，精神饱满，两肩平齐，两臂自然下垂于身体两侧，双腿并拢；从侧面看，脊柱要直立，下颚稍收，挺胸收腹，尽量提高身体重心。正确的站立姿势不仅使人显得精力充沛、活力满满，还有助于呼吸，能促进血液循环、减轻身体疲劳。

2. 服务行业中几种规范站姿

（1）侧放式

【要领】

双手垂直于体侧，两腿并拢直立，两脚跟并拢，脚尖打开成 V 字，收腹挺胸，目光平视前方。

【适用范围】

较适合男士，适合一些隆重、正式的场合。

（2）腹前握手式

【要领】

两腿并拢直立，两脚跟并拢，两脚成左或右丁字步，双手于体前相握。

【适用范围】

这是女性的常用姿势，可以在任何情况下使用。这种姿势充分体现了女性含蓄、优雅的美。

（3）背手式

【要领】

双手背后，双腿并拢，双脚尖微打开成小八字。

【适用范围】

这个姿势较适合男士，女士着西装套裙时也可采用。

（4）单臂下垂式

【要领】

左手背于背后，右手自然下垂，双脚打开或成丁字步站立。

【适用范围】

主要适用于服务行业人员，如餐厅服务员、会议服务人员、导游等。此外，当人们在工作场所长时间站立感到疲劳时，也可以用此姿势作调节。

3. 不良站姿

在生活或工作中，不良站姿会给人不适的感觉，应非常注意自己的站姿，避免出现以下不良姿势：

（1）身体不正。弯腰驼背，身体肌肉张力不足。

（2）头歪肩斜。耸肩、探头或缩头，双肩不平。

（3）手脚不顺。手臂摆动与双腿不协调，手插兜里或双臂交叉抱于胸前。

二、行走礼仪姿态

走路的姿势，也被称为"步态"，是一种动态的姿势，展示人的动态美。好的步态是轻盈、自由、协调、稳定和有节奏的。控制力训练可以提高胸部、臀部、背部和四肢关节的力量和灵活性，使身体具有更强的控制力，有助于形成更优美、更均匀、更优雅的行走姿态。

1. 行走姿态基本要领

走姿的基本要领是：行走时，双肩放松保持平稳，收腹挺胸，提臀立腰，重心稍稍前倾，两臂以肩关节为中心，前后摆动，摆动幅度以距离身体30~40厘米为宜，目光平视，表情自然，面带微笑。

女性步态应该步伐轻盈、平稳自如、端庄贤淑；男性步态应该步伐矫健、从容稳重、刚毅洒脱。

2. 服务行业中几种规范走姿

（1）引领步

【要领】

在引导时，全身半转向客人的方向，与客人的斜前方保持两步距离，手臂稍微前后摆动，向前看斜前方，外围注意客人的前后，上下楼梯、转弯、进门时，伸出手给予客人提示。

【适用范围】

适用于服务行业走在宾客前方，负责引路时。

（2）后退步

【要领】

跟别人说再见的时候，向后退几步，然后转身离开。后退一步时，用脚轻轻擦地，步子要小，转头前先转个身。

【适用范围】

与人告别时。

3. 行走礼仪规范

（1）过走廊、上下楼梯时靠右行走。进入或离开教室或办公室时，走路要轻，不要影响他人。

（2）从事服务行业，在遇到宾客时，应该自然微笑，并用目光注视对方，主动点头示意或问候。同时，要放慢行动速度，以示礼让，不与宾客争抢道路。

（3）遇到熟人，要主动打招呼，不要视而不见；说话时，尽量靠近路边，不要站在路中间或拥挤的地方。

（4）行走时要避免低头驼背、摇肩晃脑、双臂大甩、左顾右盼、八字步、脚擦地面等问题。以下的不良走姿尽量避免：

①腆着肚子，身体后仰或塌背含胸。

②脚步拖泥带水，擦着地走。

③正式场合双手插兜或是双手背后。

④内八字或外八字脚走路，两脚不在一条直线上，又明显地叉开双脚。

⑤低着头或耷拉着眼皮走路，腿部僵直，身体死板僵硬。

⑥走路速度过快，身体摇晃。

三、坐姿礼仪姿态

坐姿是除站姿、走姿以外我们在生活和工作中保持时间较长的一种姿态，也是形体美的重要组成部分。优雅的坐姿会给人一种舒适的感觉。自然的表情和优美的体态加上优雅的坐姿，会给人增添整体魅力。良好的坐姿应该端正大方、背正腰直，好的坐姿对保持身体姿态美大有裨益。

1. 坐姿基本姿态及要领

入座后，上体应保持自然挺直，双肩放松，双手可以放于双膝上或是双手相握放于双膝上，背部接近座椅的靠背，臀部坐在椅子的四分之三处，两脚掌均匀着地。

男士在就座时，身体挺直并稍微前倾，双手放在沙发扶手或是双膝上，大腿与地面平行，双脚微打开与肩同宽，从整体上给人一种稳健、成熟的阳刚之气。

女士在坐着时，也应保持腰部挺直，收腹，双肩放松，双脚不宜叉开，双手可以交握或是打开放于双膝上，以表现女性端庄、娴静的阴柔之美。

2. 坐姿礼仪规范

（1）标准式

【要领】

在保持上身标准姿态的同时，女性应双臂微曲，双手放于两膝靠近腹部的位置，双腿并拢并垂直于地面，两脚着地保持小丁字步。男性应双手放于双膝上，双膝打开与肩同宽。

【适用范围】

适用于比较正式的场合，女性若穿短裙，应在入座后调整裙形，避免褶皱或是腿部暴露过多。

（2）前伸式

【要领】

在标准坐姿的基础上，两小腿向前伸一脚的距离，脚尖不要翘起。上半身可向前倾，以示对对方的尊重。女性双腿并拢；男性两腿分开与肩同宽，双手放于两腿上。

【适用范围】

这个姿势较适合身材修长的人，可以显得双腿更加修长。

（3）前交叉式

【要领】

在前伸式坐姿的基础上，左脚缩回与右脚交叉，两踝关节重叠，两脚尖着地。

【适用范围】

这个姿势比较适合不太正式的场合。女性不太适用，尤其是在面对男性时。

（4）屈直式

【要领】

在保持基本坐姿的基础上，双手自然放在膝盖上，将右小腿向后伸展，左小腿向后弯曲，大腿并拢，两脚前脚掌着地，女性的双脚尽可能并在一条直线上，男性的双脚可以稍微分开，双脚可以交换。

【适用范围】

这是任何一个人都可以使用的姿势，不太适合正式场合。

（5）后点式

【要领】

在保持基本坐姿的基础上，双手放于两腿上，双脚向后拉，脚掌着地，抬起后脚跟。女子双腿并拢，男子双脚分开与肩同宽。

【适用范围】

在椅子比较高时，对于身材不高的人比较适用。

（6）侧点式

【要领】

在基本坐姿的基础上，双腿并拢向左斜出，右脚跟靠近左脚内侧，右脚掌着地，左脚尖着地，头部和身体向左倾斜。注意大腿和小腿成 90 度，小腿应完全伸直，尽可能显示小腿长度。

【适用范围】

这是女性常用的坐姿，能体现女性的优雅。

（7）侧挂式

【要领】

在侧点式的基础上，将左腿置于右腿下方，脚绷直，左脚掌内侧着地，右脚抬起，用脚面贴在左脚踝上，膝盖和小腿并拢，上半身微微向右转。

【适用范围】

这也是一个女性常用的坐姿，能体现出女性的优雅。

（8）重叠式

【要领】

在标准式坐姿的基础上，两脚向前，一条腿抬起放在另一条腿的膝盖上。要注意上边的腿向里收，贴住另一条腿，脚尖向下收。

【适用范围】

这是一个被认为有点不严肃的坐姿，其实如果姿势摆放得当，注意小腿的回收，脚尖不要朝上、指人，就是标准的架腿式。女性和男性均适用。

3．不良坐姿

在公共场所，我们在注意个人言谈举止的同时，还应避免以下几种不雅坐姿：

（1）双腿抖动。在社交过程中，非常忌讳不自觉地抖动腿，这种行为会给人不安稳、焦躁、不耐烦的感觉。

（2）用脚尖指着他人。无论哪种坐姿都要注意脚尖不要指向他人，这是一种很不礼貌的行为。

（3）双腿叉开过大。这是一种很不雅的姿势，因此不论是大腿还是小腿都不应开叉太大。

（4）双腿伸直和身体瘫坐在椅子上。双腿伸直既不雅也会妨碍到他人，身前若有桌子，双腿尽量不要伸出桌外。另外，身体过于放松会给人一种吊儿郎当之感。

（5）脚踩其他东西或放于桌上。在入座后，双脚应放于地面上，不要随意踩在其他东西上或是放在桌子上，这是非常失礼的行为。

（6）手乱放。在有桌子时应将手放在桌子上，单手或双手放在桌子下或是双肘支在桌子上都是不礼貌的。

四、蹲姿礼仪姿态

在日常生活或公共场所，我们有时不可避免地要捡起掉在地上的东西或拿放置在较低位置的物品，这时就要注意不可弯腰屈背，低头翘臀，而要使用下蹲和屈膝的动作。

1. 蹲姿基本姿态及要领

正确的蹲姿有交叉式蹲姿或高低式蹲姿，要避免低头、弯腰或双腿叉开等不雅姿态。

（1）交叉式蹲姿

【要领】

下蹲时，将左脚放在右脚的前面，左小腿垂直于地面，左脚全脚掌着地。右膝从后侧伸向左侧，抬起右脚跟，脚掌着地，双腿前后靠拢，合力支撑身体；臀部放低，身体微微前倾。

【适用范围】

女士多用交叉式蹲姿。

（2）高低式蹲姿

【要领】

下蹲时，左脚在前，整个脚掌着地，右脚在后，脚掌着地，脚后跟抬起。右膝低于左膝，臀部向下，身体基本由右腿支撑，从后面看基本在一个平面上。男性两腿之间可以保持适当距离，而女性在深蹲时应将双腿紧紧靠在一起。

【适用范围】

高低蹲姿经常被服务人员采用。

2. 不良蹲姿

（1）下蹲时叉开腿下蹲，尤其是穿裙装的女性。

（2）在蹲姿时把身体压在大腿上，这样会给人一种随意之感。

（3）蹲错位置，蹲在别人身边时，最好能顺应别人的方向，面对别人或背对别人都是不礼貌的行为。

第二节　表情和手势礼仪——修养的艺术

一、目光

眼睛之所以被人们称为心灵的窗户，是因为我们的所思所想会通过眼神自然流露出来。印度诗人泰戈尔曾说："一旦学会了眼睛的语言，表情的变化将是无限的。"这也说明，眼神的表现力在我们整个表情乃至举止中都是极其重要的。

在人际交往中，真诚的目光配合含蓄的语言，会给人一种正直、坦然、亲切、和善的印象。

1. 目光注视的要领

在与人交流时，目光应该注视着对方，同时应不断用眼神与对方交流，以调节交流的气氛。在聆听别人说话时，目光应始终注视着对方，不要左顾右盼，否则会给人一种不感兴趣或不尊重他人的感觉，但也不要死盯着对方的眼睛，这种逼视的目光是很失礼的。

在一般的社交场合，与别人交谈时目光应放在对方的双眼、鼻尖、嘴唇之间的三角区域内。在洽谈公务时，应注视对方双眼和额头之间的三角区域。随着交谈内容、话题的变化，目光也应做出及时恰当的反应。交谈和会见结束时，目光要抬起，表示谈话结束。

2. 目光注视的礼仪规范

（1）平视

【要领】

平视也叫正视，即视线在水平线上。

【适用范围】

常用于身份、地位平等的人在普通场合的人际交流活动。

（2）仰视

【要领】

仰视一般为主动将自己放于低处，抬眼向上注视对方，以表示尊重、敬畏。

【适用范围】

常用于与长辈、身份尊贵的人交流时。

（3）俯视

【要领】

俯视即向下注视对方，以表示对人的关心与怜爱，有时也代表对人的轻视和怠慢。

【适用范围】

常用于与晚辈或下级交谈时。

（4）侧视

【要领】

侧视是指交谈对象位于自己身体一侧，是一种比较特殊的情况，在交流时应转头面向对方并与之平视。需要注意的是，侧视不是斜视，斜视是很不礼貌的。

3. 交流时的目光禁忌

（1）交谈时，切忌始终盯着对方的眼睛，这样会让人有被逼视之感。

（2）交谈时不要左顾右盼，这样会给人一种不被尊重的感觉。

（3）交谈时，不要斜视或背对别人，这是不礼貌的行为。

（4）交谈时，不要不停地上下打量对方，这样会给人一种挑衅之感。

（5）交谈时，不要瞪眼或是眯着眼看对方，这会让人感觉有敌意或是被轻视。

二、微笑

微笑是人际交往中必不可少的一种礼仪。虽然一个微笑只是一闪而过的表情，但其中所包含的内容却是异常丰富的。微笑是社交场合中最有吸引力和最令人愉快的表达方式。它不仅表达了人际交往中真诚、友好、谦虚、和谐等美好的情感，还反映了交往者的同情心、气质、自信等。微笑是嘴角微微上扬的笑。它可以在传达感情、与他人交流和赢得他人信任方面发挥积极的心理作用。

1. 微笑的动作要领

（1）口眼鼻眉相结合，微笑时要真诚，要发自内心。自然的微笑会带动五官，眼睛会略微眯起，眉毛会自然上扬，嘴角上翘，脸肌微收拢。

（2）微笑与神情相结合。微笑时应视当时的场合、情况表现自身的神情，做到情绪饱满、神采奕奕。笑得要有"情"，即用感情来表达微笑的含义；微笑得当还能彰显自己的文化修养与独特的气质。

（3）微笑与语言相结合。微笑与语言都是传播信息的重要途径，在交谈时，语言与微笑完美配合，可以给人自信、真诚、热情的感觉。

（4）微笑要与姿态和谐一致，以笑促姿，以姿助笑，才能使人感到愉悦和温暖。

2. 微笑的禁忌

（1）不要张嘴大笑，笑应不露齿。

（2）不要皮笑肉不笑，不要露出笑容后随即收起或对人神秘地笑。

（3）不要缺乏诚意地笑、机械呆板地笑。

（4）微笑时不要被情绪左右，忧郁的笑和痴呆的笑都是不礼貌的。

三、手势礼仪

手势可以说是极具表现力的"肢体语言"，不仅可以加强、解释和支持语言表达，还可以表达无法用语言表达的内容和情感。手势是人际交流的重要组成部分，在人际交往中恰当运用无疑能为沟通交流增色。

1. 手势的基本要领

做手势时，手掌应自然伸直，掌心向内向上，四指并拢，大拇指自然向内靠拢，手腕应与前臂成一条直线，肘关节自然弯曲。此外，手势还要注意与面部表情、语言以及身体其他部位的动作协调配合，以展现对他人的尊重。

2. 常用手势

（1）单臂横摆式

这是在表示"请""请进"时常用的手势动作。具体做法是，五指并拢，手掌自然伸直，手心向上，肘微弯曲，腕低于肘。手从腹前抬起，以肘为轴摆动至身体一侧，同时，脚跟并拢，脚尖分开，头与身体也随之向摆手侧稍微倾斜，另一只手放于身后或身体一侧，目视来宾，面带微笑，以示对宾客的尊重、欢迎。

（2）双臂前摆式

双臂前摆式同样可以表示"请""请进"之意。具体做法是，五指并拢，手掌伸直，双臂围绕肘部旋转，抬起肘部，前臂微微弯曲，一只手臂稍高，伸向前进的方向，另一只手臂稍低。

（3）双臂横摆式

当客人比较多时，常用此动作表示"请"的意思。具体做法是，手臂从身体两侧向前、向上抬起，肘部稍微弯曲，向两侧摆动。

（4）斜摆式

请客人坐下时，向座位的方向做出的手势。具体做法是，手首先要从身体一侧抬起，举到臀部以上，然后向下摆动，在大臂和小臂之间形成一条斜线，身体也要朝指示的方向轻微转动。

（5）直臂式

在需要给客人指引方向时，多采用直臂式。具体做法是，掌心向上，手指伸直并拢，屈肘从身前抬起，向所指引的方向摆去，抬到与肩同高时停止，肘关节基本伸直。同时，目视所指的方向，面带微笑，并留意宾客是否会意到目标。

3. 做手势时的注意事项

手势是人的道德修养和心理素质的外在体现，适当的手势可以彰显对他人的友好和尊重。在社交场合，手势应该合适。一般来说，手势的高度不应超过对方的视线，不应低于胸部，左右摆动的幅度不应太大。与他人交谈时不要将手指伸进鼻子，不要将手掌压在胸前，不要用手指指着他人。另外，同一手势在不同的国家、民族和地区会有不同的解释，因此，在与外国人打交道时，了解其习俗很重要，以避免闹笑话或产生误解。

双臂交叉、跷二郎腿是大忌

双臂交叉放在胸前代表你的心处于封闭状态。

152

当你无意中双臂交叉时，表示你不愿与别人交流。如果你每天都摆这样的姿势，甚至可能产生"不会有好事发生"的想法。因为身体和思想是相连的。

像双臂交叉一样，跷二郎腿的行为也应纠正。因为这是不礼貌的。当涉及重要事务的讨论时，即使一个人的措辞非常有礼貌，但如果他采取了这种姿势，那就意味着他已经违背了基本的谈话礼仪。或许有人会说，私下里，不管是双臂交叉还是跷二郎腿都是个人自由吧？这的确是个人自由，但仍然不应该这么做。

为什么？因为一个人私底下的行为代表了他的本性。如果独处的时候摆出傲慢的姿态，那么就连他本身也会变得傲慢，在与人相处时也会不自觉地流露出来。因此，我们要尽量避免双臂交叉和跷二郎腿的行为。

第三节　正心诚意——文化是一种态度

虽然礼仪有规范，但以中国传统文化和美学来观照，正如陆游所说，"汝欲学作诗，功夫在诗外"。礼仪不在于规矩的制定和模仿，真正的功夫还在修养心性。要有正心和诚意，礼仪才不至流于表面。儒家文化所强调的"正心，修身，齐家，治国，平天下"，也是先从正心和修身开始的。个人礼仪亦是如此。

由此观之，优雅仪态的背后，是深厚的文化积淀和修养。笔者将其理解为礼仪的"内敛性"和存在性，它无法依靠外界力量或简单的重复性练习来提升，只能依靠自身点滴积累，厚积薄发。因此，礼仪很大程度上体现的是一个人自身的文化修养。以传统文化为核心，从人本主义出发，关注仪态、礼仪要先从关注自己的内心开始。

一、内省式思考的起点

内省是人对自己的一种反思活动，也是一种重要的人内传播形式。人内传播（intra-personal communication），也称内向传播、内在传播或自我传播，指的是个人接受外部信息并在人体内部进行信息处理的活动。如果把个人看作是社会传播系统中的个体系统，那么人内传播便是个体系统内的传播。社会是由作为意识和行为主体的个人构成的，在这个意义上，作为个体系统活动的人内传播也是一切社会传播活动的基础。① 我们这里着重说明一下作为社会心理过程的人内传播——内省式思考。

内省可以分为两种：一种是日常的、长期的自我反省活动，旨在完善个人品德和行为。在中国的儒家思想中，内省主要指人的自我修养，这就是孔子所说的"吾日三省吾身"；另一种是为了解决实际问题而进行的短期自我反思活动，即"内省式思考"。西方传播学主要考察的是后者，并不是传统文化中所强调的日常的、长期性的自我反省活动，但是它研究探讨的人内传播在社会实践中所起的作用依然能够给我们一些启示。

---

① 郭庆光．传播学教程［M］．北京：中国人民大学出版社，1999：80.

根据美国社会心理学家 G. H. 米德的说法，内省式思考并不发生在日常生活中的每一刻。只有当一个人遇到新的问题很难确定当下的行为是否合适时，它才会被激活。面对新的问题，人们往往不会立即作出回应，因为他们不知道过去的做法是否合适。于是，内省式思考开始，通过人内传播来做出如何解决新问题、如何适应新情况的决策（这与中国佛教中所说的顿悟有相似之处）。

　　内省式思考的过程不是封闭的，而是与社会环境和周围的人密切相关。换句话说，在内省式思考的过程中，其他人的形象会在个体的头脑中出现，个体会分析和考虑其他人是如何思考的，他们对这个问题采取什么态度。只有在与他人的联系中，个体才能勾勒出自己的态度，并决定该怎么做。这个过程也是一个重构自己与他人关系的过程，因此，内省式思考的过程也是一个社会过程。

　　米德认为，内省式思考不仅是一个横向的社会过程，也是一个纵向的发展和创造过程，它将过去和未来联系起来。换句话说，在这种活动中，个体会调动自身所积累的关于某一特定主题的所有社会经验和知识，重新解释、选择、改变和处理记忆中的信息，并在此基础上创造出新的意义和适合新情况的行为。因此，内省式思维既是一种超越现有意义的创造新意义的活动，也是一种超越现有行为模式的创造新行为模式的活动，它与个人的未来发展密切相关。

二、"心"的修炼

心如何修炼？这自然还要回归于民族文化之根。中国传统文化博大精深，想要修炼心态首先需要把自己的内心养得柔软安静。现代人工作繁忙，很难抽出整块儿时间静心潜修，又不能为了研究而研究，这里郑重推荐宗白华先生的《美学散步》，可作为了解中国传统文化和美学的入门书籍。

宗白华先生的《美学散步》内容极其丰富，可以引导我们去寻找人生的意义和价值，全面提升我们的人生境界，这也正是中国传统文化及美学显现在当下的重要意义。

今天，当我们置身于全球化的现实处境，切身感受着科技革命和现代化带给我们的激动人心的巨变时，也不得不为我们的高速发展付出相应的代价。在处理人与自然、人与人、人与自我、人与文明之间的关系时，我们面临着许多前所未有的挑战，如生态危机、经济发展不平衡、种族歧视、社会和政治冲突，甚至恐怖主义。从中国传统文化的角度来看，这些问题不仅仅是生态、经济、政治、种族、伦理问题，还是文化和审美问题。

这些问题从根本上危害着人类社会的和谐统一，破坏着人类美存在的基础。尤其是那些专注于精神创作的人，在现实中更是经常处在精神与物质相互对抗的矛盾中，面临着多元的选择，却滋生了更多彷徨与迷惑；拥有了物质的繁荣，却同时在"乱花渐欲迷人眼"的喧嚣中发现心灵的贫瘠及信仰的缺失……是应该理智地反省如何应对这些亟待解决的危机了，是应该从博大精深的中国传统文化与美学中为自己的心灵找寻诗意的栖居之地了。

文化就是一个人举手投足间流露出来的多元信息。和谐社会要从每个人自身的和谐做起，和谐文化更要从每个人身与心的和谐做起，这种和谐便是中国传统文化"天人合一"思想的体现。李泽厚先生在他的著作中说过这样的话："人之异于禽兽者有理性、有智慧，他是知行并重的动物"，"李、杜境界的高、深、大，王维的静远空灵，都根植于一个活跃的、至动而有韵律的心灵。承继这心灵，是深衷的喜悦"。①

① 李泽厚. 华夏美学 [M]. 天津：天津社会科学出版社，2001：88.

我们可以尝试从中国传统美学的"静照"和意境中静心体悟，以察内心。宗白华先生在他的《美学散步》中写道："艺术心灵的诞生，在人生忘我的一刹那，即美学上所谓'静照'。静照的起点在于空诸一切，心无挂碍，和事物暂时绝缘。这是一点觉心。静观万象，万象如在镜中，光明莹洁，而各得其所，呈现着他们各自充实的、内在的、自由的生命，所谓万物静观皆自得。空明的觉心，容纳着万境，万境浸入人的生命，染上了人的性灵……艺术的造诣当'遇之匪深，即之愈稀'，'遇之自天，泠然希音'。"①这种艺术精神的空灵与禅境颇为相似。

在《论〈世说新语〉和晋人的美》中，宗白华先生谈到山水美的发现和晋人的艺术心灵时说："晋宋人欣赏自然，有'目送归鸿，手挥五弦'，超然玄远的意趣。这使中国山水画自始即是一种'意境中的山水'……晋人艺术境界造诣的高，不仅是基于他们意趣的超越，深入玄境，尊重个性，生机活泼，更主要的是他们的'一往情深'！深于情者，不仅对宇宙人生体会到至深的无名的哀感，扩而充之，可以成为耶稣、释迦的悲天悯人；就是快乐的体验也是深入肺腑，惊心动魄；浅俗薄情的人，不仅

---

① 宗白华. 美学散步［M］. 上海：上海人民出版社，1981：25.

不能深哀，且不知所谓真乐。"①

正是因为晋人富有对宇宙的深厚感情，他们才能在艺术和文学上取得不可企及的成就。晋人之所以能在欣赏自然时捕捉到遥远的心境和瞬间的永恒，形成一种"泛神论"，正是因为自然事物本身是无目的的。"草长了，鸟飞了，花开了，水流了。它们都是没有目的的、无意识的、没有思想的、没有计划的，也就是'无意的'。"但正是在这种"无脑"，在这种无目的中，我们似乎有可能瞥见使这一切成为可能的"大思想"和大目标——从而进入物我两忘，宇宙与心灵融合为一体的那种异常奇妙、美丽、愉快、神秘的精神境界。这难道不也是一种禅境吗？

现实生活中，我们因忙碌而积累紧张、焦躁的情绪。"忙"是"心"的"亡"，若不停下来思考，不给自己"静照"内心的机会，就会在行动上重复纪伯伦的名言，"我们已经走得太远，以至于忘记了当初为什么而出发"。一个人越是珍视丰富的内心世界，越容易发现外部世界的有限，从而能够以从容的心态面对。当然，生活是千姿百态的，在聚光灯下享受虚荣、追名逐利、叱咤风云也是生活，但

————————

① 宗白华．美学散步［M］．上海：上海人民出版社，1981：215.

是，生活太忙碌总有一种危险，那就是被兴奋占据，渐渐把兴奋当成了生活。喧嚣之外没有生活，到最后，真的只剩下喧嚣，没有生活了。生命不能脱离阳光和土地，人类需要耕种和繁衍。生活中最基本的内容本来就是最普通的，也正是它们构成了人类生活的永恒核心。

"天人合一"的哲学精神自然蕴含着中国文化的美好精神。印度诗人泰戈尔曾说："世界上还有什么比美丽的中华文化精神更有价值呢？"以中国传统文化为根基的人文素养建设，正是要在不断内省、修心的过程中，给自己由于盲目追求身外事物及欲望衍生出的赘肉减脂，好让我们随时清空自己内心的垃圾，放下包袱，轻装前行。唯有如此，才能与时俱进，不断吐故纳新。

卷 五

礼仪之道
——生活方式的传承

心，如何修炼？这自然还要回归于民族文化之根。"静故了群动，空故纳万境。"中国传统文化及美学博大精深，修炼心态首先需要把自己的内心养得柔软安静。俄国诗人勃洛克曾经说过这样一句耐人寻味的话："总是过迟地意识到奇迹曾经就在身边。"

回溯我国古代舞蹈历程，特别是周代的舞蹈教育，中国的礼乐风景历历在目。这种集歌、诗、舞于一体的综合性艺术形式，具有教学和娱乐的双重作用，自然能在艺术的情感和审美影响方面对人产生影响。这不仅在2000多年前的周朝具有重大意义，即使在现在，也不失为一种有力的美育教育手段。

第一节　制礼作乐——仪式感的建立

一、周代的礼乐教育①

周代的舞蹈教育是从文武两个方面进行的。《周礼·春官》记载："春夏学干戈，秋冬学龠。"干戈指代武舞，龠指代文舞。文舞、武舞各有其形式特征和训练价值。

跳文舞时，"左手执龠（一种乐器），右手秉翟（羽毛）"。执龠羽而舞的文舞，可以培养人的礼节风仪，所以文舞的目的是使人们充满活力，举止符合礼仪规范。

跳武舞时，左手拿着盾牌，右手拿着斧，所谓"左手执干，右手执戚"。执干戚而舞的武舞，可以培养人的风度和神韵。可见，周代的文舞和武舞是从不同方面培养人的，最终使得男子成为宽厚持重、文质彬彬的君子，使女子成

① 袁禾. 中国古代舞蹈审美历程［M］. 上海：上海音乐出版社，2004：65.

为端庄贤淑、温和恭谨的淑女。

据《礼记·内则》记载，周王室贵族子弟学习诗、乐、舞、射、御、礼，是依据年龄大小分阶段进行的。十三岁开始学习"小舞"、音乐和朗诵诗，偏重于"文"的方面。十五岁开始学象舞、射箭、驾车等，偏重于"武"的方面。二十岁时，开始学"大舞"和各项礼仪。

在武王伐纣建立周王朝以后，为了稳固江山，不重蹈殷商的覆辙，武王的弟弟周公旦，在周人原有制度、传统的基础上，将原始礼仪进行了系统整理和改造，为周代建立了一整套社会典章制度和行为规范，从而使礼乐成为涉及政治、教育、信仰等各领域的文化结构，此即文明后世的周公"制礼作乐"。

制礼作乐的意义在于礼乐并举，这也是周代治国的核心举措。《乐记》云："乐者为同，礼者为异。同则相亲，异则相敬。"意思是，乐的意义在于求同，礼的目的在于求异。同使人们相互亲近，异使人们相互尊重。所以，一旦礼仪建立起来了，尊卑贵贱就有序了；一旦乐的形式统一了，上与下的关系就和睦了。

故而，制礼作乐的目的，并不是为了满足人们耳目口腹的欲望，而是为了教育人们懂得好坏善恶的道理，使得人们回到做人的正道上来。由此可知，周公的制礼作乐是要形成礼乐之间的互补，这就决定了乐舞必然成为"礼制"和"乐治"的工具，成为在社会生活中发挥政治作用的"载道"和"治心"的重要手段。当然，在这个意义上的乐，主要是指"雅乐"。雅乐是一种功能性很强的礼仪、祭祀乐舞。"六大舞""六小舞"是雅乐舞蹈的鼻祖。

舞蹈在周代并不是独立的艺术门类，只是乐的组成部分，被纳入乐的体系之中，所谓"屈伸俯仰，缀兆舒疾，乐之文也。"（《乐记》）也就是说，动作姿态的变化、缓急，舞蹈中的路线、构图，都是乐的表现形式，因此，古代之谓"乐"，是包含了舞蹈的，是诗、歌、舞三位一体的艺术。

周代实施礼乐政治的根本目的是要协调人们的社会关系，使社会达到有序状态，以保证统治的稳定。而礼、乐各自的功能和任务又是不一样的，需要相互补充，紧密配合。所谓"礼仪立，则贵贱等矣；乐文同，则上下和矣"（《礼记·乐经》）。

音乐能够影响人的情感、净化人的灵魂、感化人的"仁"性。它通过启发、诱导，而不是说教和推理，来滋养一个人的心。"乐"的"治心"功能，是外在规范人类行为的"礼"无法实现的。反之，要使人们相互间不失仁爱，而社会又等级严明，就必须实施"礼制"。所以"礼""乐"是一种相辅相成的关系。"乐"从内心出发，故而带来真情；"礼"是外在表现，故而有一定规范。"乐"深入人心，民间就少了仇怨；"礼"深入人心，民间就没有争执。人民相互谦让，社会安定，这就是礼乐的结果，正如宋人契嵩《论礼乐》所云："礼，王道之始也；乐，王道之终也。非礼无以举行，非乐无以著成，故礼乐者，王道所以倚而生成者也。"

简而言之，过于强调"乐"会使人过于随意，过于强调"礼"会导致人与人之间产生距离。宋末理学家真德秀曰："礼胜则离，以其太严而不通乎人情，故离而难合；乐胜则流，以其太和而无所限节，则流荡忘返。"若要使得人与人之间感情融洽而不失庄重，等级分明而不失和谐，就要注意礼和乐的相互配合。

二、汉代的乐舞思想

汉代人对舞蹈的理解和态度与前代不同。重温历史，我们看到在原始时代，先民们用强烈的功利观来对待舞蹈；奴隶制前期的夏商，舞蹈也不过被当作娱人敬神的活动；

西周统治者对舞蹈有了相对进步的认识，将其纳入"礼乐治国"的方略；春秋战国时"礼崩乐坏"，尽管使舞蹈从教化与祭祀的禁锢中解放出来，但人们对舞蹈的认识，仍然仅限于消遣娱乐和功利性的层面。在汉代，除了基于前代的一些观念外，舞蹈作为"乐"的组成部分，还被看作天地精神的象征。这样的思想和论述，在汉代的典籍中随处可见，例如西汉时期戴圣所辑《乐记》中就有："乐者，天地之和也；礼者，天地之序也。"东汉班固编撰的《汉书·礼乐志》中有："故象天地而制礼乐，所以通神明，立人伦，正情性，节万事者也。"又云："故圣人作乐以应天，制礼以配地。"这是中国古典哲学视角下对乐舞的理解，是汉代乐舞观的质的升华。

汉人的这种乐舞观深刻影响了后世，成为中国几千年来的传统乐舞观念。更值得注意的是，汉代人并不因为把乐舞与宇宙天地相联系便将它当成神圣之物供奉起来，而是同时认识到舞蹈这种发自人的生命本体的活动方式，对于彰显人的内在情怀、张扬人性具有不可替代的作用和价值，从而将天地人视为一个整体，并且肯定了人的地位和作用——"人之超然万物之上，而最为天下贵也"（董仲舒《春秋繁露》），充分体现以人为本的思想。

所以，重视人生，重视现实，是汉代人的追求。正因为如此，汉代才以具有时代特征的乐舞在古代舞蹈史上留下了浓墨重彩的一笔。汉代人将舞蹈作为与天地精神共往来的重要手段，因此汉代舞蹈呈现着积极向上、轻松明朗的气质。汉代人无宴不舞，无事不舞，甚至以舞蹈的方式诀别人世。这一切，无疑是汉代舞蹈空前发展的重要因素。

第二节　道的探寻——知行合一

　　"中国哲学是就'生命本身'体悟'道'的节奏。'道'具象于生活、礼乐制度。'道'尤表象于'艺'。灿烂的'艺'赋予'道'以形象和生命，'道'给予'艺'以深度和灵魂。"[①] 在国家提出学习化社会、学习型组织、全民学习、终身学习等理念并普及之时，真正有效的学习，是要导致行为的改变，即真正做到知行合一。

　　我们要在现实生活中不断学习，完善自我。儒家经典《大学》中有"格物、致知、诚意、正心、修身、齐家、治国、平天下"。中国人立身处世的根基就在于修身，只有巩固修身之根基，以己推人，方可立身、为家、为乡、为天下，这也是"道"。这与费孝通先生提出的文化自觉意识异曲同工。费先生指出："文化自觉是指生活在一定文化中的

---

　　① 李泽厚. 华夏美学［M］. 天津：天津社会科学出版社，2001：80.

人对其文化有'自知之明',明白它的来历、形成过程、所具有的特色和它的发展趋向,……文化自觉是一个艰巨的过程,首先要认识自己的文化,了解所接触到的多种文化,才有条件在这个正在形成中的多元文化的世界里确立自己的位置,经过自主的适应,和其他文化一起,取长补短,共同建立一个由共同认可的基本秩序和一套与各种文化能和平共处、各抒所长、联手发展的共处守则。"①

由此观之,文化自觉本质上便是主体的自觉,即对外,要"自觉"到自身文化的本质与结构,懂得它的特色和发展趋向,审时度势,在世界文化语境中,发出属于自己民族的文化之声;对内,要"自觉"到自身文化的优势和弱点,懂得继承与超越,通过对传统文化的学习,融于血液,化于生命,并自觉追求先进文化。

一、知——文化自觉

中国传统文化中的"天人合一""中庸之美""和为贵"等思想作为源远流长的文化思维定式,事实上为本文提供了明确的思维框架,奠定了民族化的思维方式。"天人

---

① 费孝通. 费孝通文集 [M]. 北京: 群言出版社, 1999: 197.

合一"是东方综合思维模式的最完整的体现，它既是一个理论命题，也是方法论。作为中国文化的一个特色，"天人合一""心灵体悟"等认知方式和思维方式具有超越时代的意义，这也是中国哲学的基本风格。作为中国文化继承者的我们，岂可不察微微道心？这也是我们反复强调的中国哲学根本精神之所在。

"中国哲学目的的最后在于精神人格、道德人格的自我树立与自我完成，走的是一条《周易》中所说的'穷理尽性以至于命'的道路。这可以说是中国哲学与外国哲学归结点之'异'。在这'异'中也恰恰蕴含着中国哲学的特点及中国文化的本质精神所在。"[①] 即所有的问题都最终指向现实的人生意义和价值。知与行是互动的过程。这是中国哲学的本质和特点，与实践相连，与生活相连，观照人与自然、人与社会动态变化的互动关系，关注人与自然、人与社会、人与自我的和谐共生。

1. 以文化自觉观照多元文化

怎样正确认识全球信息化条件下不同文化之间的关系？总体上看，目前国内存在两种不同的看法：一种看法是，

---

① 黄会林．中国哲学的精神．中国影视美学丛书之世纪碰撞——中西文化纵横谈．北京师范大学出版社，2002：35.

经济全球化的发展，各种文化将日益趋同并出现同质化倾向，由此产生一种普遍的"全球文化"并取代现存的不同文化，这是"普适文化取代论"的观点。

另一种看法则认为，经济全球化的冲击虽然给现有文化增加了一些共同的元素，也带来了全球性的文化市场、文化产业，但并不能从根本上消除各种文化之间的差异。文化的多样性并不会因为经济全球化而消失，这是"多元文化共同发展论"的观点。

文化多元并存的思路是基于文化自觉形成的，也就是说，文化自觉是人类对自身前途命运理性的认识和把握。①

这是因为，人是文化的生成，人的文化背景、价值观念、思维方式、道德追求，使人的活动从本质上说来是一种文化活动。在社会发展转型时期，文化意识具体表现为人们在文化价值选择和建构过程中的一种价值取向，这就要求人的价值必须建立在理性的基础上。

因此，文化意识是人的意识，是理性的意识。整个人类历史，包括文学史、美术史、建筑史，都证明了各种文化都具有平等的地位，各种文化相互渗透、相互促进。各

---

① 陈军科. 文化自觉：当代社会发展的理性高扬 ［J］. 求索，2002，6：141.

种文化都为社会的进步做出了自己的贡献。当然，并非所有的文化都以同样的速度发展，但它们存在于人类的记忆中，并以同等的能力成为人类文明和社会进步的一部分。文化多样性的根源在于文化的差异性。人类文化正是在这种多样性的交流、融合中不断前进的。

2. 以文化自觉彰显民族化

文化的全球化并不排斥民族文化的发展，民族文化的发展也促进了文化的全球化。文化的全球化意味着更多的文化交流、沟通、互补和融合的机会，意味着更多的文化共性，但这并不妨碍多样性的地方文化存在。世界上的文化是"和而不同"的，世界文化是多元的、共存的、共同发展的。

文化从来不是静止的，而是动态的，在相互交流中不断发展。所谓的本土文化不可能在一个完全封闭的环境中发展，而会在一个相对开放的环境中持续存在。任何文化都需要通过与环境中其他文化的互动来培育和发展。

中国博大精深的传统文化，也是在漫长岁月里不断汲取各地域文化的营养才变得生机勃勃的。"仁者爱人""尊老爱幼""舍生取义""己所不欲，勿施于人""国家兴亡、匹夫有责""富贵不能淫，贫贱不能移，威武不能屈"等等都是中华传统美德的应有之义。"自强不息，厚德载物"的民族精神，是民族文化、民族智慧、民族心理、民族情感的高度凝聚，是民族灵魂、血脉、品格的集中体现。中华民族能历经数千年的风风雨雨绵延不绝，正是因为它能将这种具有普世价值的民族精神和传统传承下来。

在文化对话中，倡导并大力坚持文化的民族性，是为了使民族文化更好地走向世界。文化意识应该引导实现民族文化的融合和创新，即在不同文明的互动中，自觉吸收和学习其他民族文化的优势，不断突破自身文化的局限性，从而增强民族文化的自主权和适应性，以更加开放的心态面对世界。

文化首先是民族的、区域性的，然后才是全球性的；世界文化和人类文化必须转化为民族文化和地域文化，才能被人们接受和传播，才能发挥其生命力。因此，越是民族文化，往往越具有文化价值和生命力，越能走向世界。民族文化在走向世界的过程中，其民族认同不会丧失，反而会在与其他民族文化的交流与融合中得到加强和锤炼。学习和引进国外先进文化，不是要消灭或取代民族文化，而是要在本民族的土壤中扎根，使之本土化、民族化，使外国文化的品质获得本民族的形式和风格，烙上本民族的烙印。

二、行——文化是一种行动

如果说修身内省是构建个体人文素养的起点，要求我们向自己的内心探寻，说明文化是一种态度，那么将内化于心的价值观通过言行举止表现出来，且对他人的心理、行为产生影响，就是文化内生之后"学以致用"的过程，说明文化是一种行动。

简单说，人生是由两部分构成的：一部分是踏踏实实的现实生活，另一部分是高于此的精神生活，缺少哪一种都是不完整的。精神生活就是对心的修炼，但修心的本意并不是消极无为，而是要将心养得轻灵而敏锐，以便更通透地认识自己、认识他人、认识世界。

1. 拓展生活半径

我们要以自省和觉悟之心唤醒行动意识，真正做到"知行合一"。美国陶艺家理查兹曾说："在所有的艺术中，我们只是学徒，真正的大艺术是我们的人生。"只要我们的双脚踩在坚实的土地上，生活永远是最好的课堂。在生活中阅人、阅事、阅山川，带着内省而有觉悟的心，便能处处学习，时时成长，这便拓展了生活半径。

当然，这种生活半径的拓展还是需要"澄怀观道"的美学眼光的。何谓"澄怀"？"澄怀"，就是挖掘心灵美的源泉，实现"最自由最充沛身心的自我"，胸襟开阔，洗尽铅华，带着审美的灵魂看这个熙熙攘攘的世界，最终完成人生境界审美层次的升级。审美，从主体这方面说，是人的本质力量的确证，是心灵——精神的创造活动。正如一句谚语所云："山坡上开满了鲜花，在牛羊的眼里却只是饲料。"芸芸众生，唯独人能够创造、观照一个美的世界，是因为人有美的心怀，而且这美的心怀是不断发展的。

何谓"观道"？中国人对"道"的体验，是"于空寂处见流行，于流行处见空寂"，唯道集虚，体用不二，这构成了中国人的生命情调和艺术意境的实相。"道"，是宇宙灵魂、生命源泉，是美的本质所在。然而，这个"道"不是悬孤无着的实体，也不是空灵不可感悟的虚体。它作为审美客体的本质所在，就化身于仪态万千的"艺"中，就表现在那"于空寂中见流行，于流行处见空寂"的审美时空中。"观道"，就是用审美的眼光、感受，深深领悟客体具象中的灵魂、生命，凸显一个审美客体。

澄怀方能观道，观道适以澄怀，澄怀与观道是统一的，审美的主体与客体是统一的。心怀的澄澈，是审美主体的

178

升华，道体的朗现，是审美客体的升华。在这主客体的同步升华中，便可"以追光摄影之笔，写通天尽人之怀"，实现最高的审美境界。

2. 在生活中信奉文学的力量

文学给了谈话以"情怀"或者说"氛围"。谈话谈了什么不是特别重要，谈话的氛围非常重要，比方说对立了、交融了、兴奋了、犹豫了。真正文学的力量不在嘴上，而在心里，在虔敬而谦卑的态度中，在日常生活的行走中。

文学的力量还有更深层次的解读，就是"信"。这份信包括信仰、信念和信任。这里的信仰，更多强调的是对于自我心灵的关注，也就是以静制动的文化内生性。文化这个"外化"的过程是以"内生"为前提的，不启动内省式的思考、体悟，大部分生活就会在"无意识"的状态中一点点淡去，在生命中留不下痕迹。这是一种觉悟，也是我们人文素养建设正心、修身之前提。信念是一种希望，能给我们的梦想插上飞翔的翅膀。正是我们心中的希望引导我们走向生命崭新的境地。这也是中国文化强调的生命境界，把追求人生价值作为自己永恒的目标，通过"立德""立功"或"立言"去实现，执着地、心无旁骛地追求自我价值，追求生命的意义。

信任是人与人之间实现良好沟通最重要的纽带。信任建立在共同的信仰和信念的基础上，建立在伦理的基石上，建立在我们共同的文化之根上。"信"无论在哪个层面上，其内在的精神意蕴都是"道"。道即万事万物之理，即人间正道。

一个人最好的状态，一定是他与周遭环境彼此成全、相互激活的结果。要想真诚面对他人，首先要真诚地面对自己；要服务于社会众生，首先要对自己的行为甚至起心动念负责；动机纯正，不慕名利，方能释放自己的潜能和创造力。

自我探索：帮心灵开道①

过什么样的人生？看你有什么样的想象力。

创造力来自精彩的生活——精彩的生活来自深入挖掘生命之源的潜力，并清晰扩展生命的版图。我们要不断吸收新知识，比如持续阅读、旅行和看电影，让自己长出与世界相连的触角，并将吸收的知识内化为生活的智慧，创造自己独特的生活方式。过什么样的生活，由你来决定。

---

① 李欣频．变局创意学［M］．北京：电子工业出版社，2013：189.

我们怎么过一天，就怎么过一生。请学会把你的时间和精力集中在你喜欢的事情上，同时为你的生活打开不同的窗户。这样，你在生活中才不会疲惫。

成为你自己想成为的人，而不是别人希望你成为的人。自由的定义应该是：成为你自己。

第三节　小结

老子说：道，可道，非常道。可道的一面，我们现在称之为相对真理。非道的一面是永恒的"常道"，我们称之为绝对真理。老子说的"道"和释迦牟尼佛说的"空"，是相对真理和绝对真理的统一。如果不表现出可以教的相对真理的一面，就不存在不能教的绝对真理的一面，这就是佛教徒所说的"真空妙有"。不能说的是真空，但可以说的是精彩。两者相互依存，不可分割，这也是《心经》所说的"色不异空，空不异色"的道理。

在艺术中，它是道和技巧的结合。道是技术的基础，技术是对道的运用，两者密不可分。在教育中，儒家思想不是空谈，从六艺入手，但学习艺术的目的不在艺术，而在理解道，就是沿着学习艺术的道路进入道。

六艺其实分为两个层次。

第一个层次是艺术水平，也就是现在所说的技能，分为礼仪、音乐、射箭、御术、书法、算术六个方面。其中，礼仪、音乐主要是"德"的外在体现，射箭、御术主要是"体"的外在体现，书法、算术主要是"智"的外在体现。因此，六艺教学是体现德、智、体全面发展，培养健全人格的基础教育。

第二个层次是道的层次，主要讲六艺之理，所以又称六经，即《诗》《书》《礼》《乐》《易》《春秋》。既然圣人看到道和艺术是一体的，就不偏袒道（后来的宗教很容易这样做），也不偏袒艺术（后来的科学很容易那样做），而是走中间的道路，即以艺术入道，以道支配艺术，以艺术推进艺术的道路。

孔子主张的"克己复礼"是中庸之道的典范。克己是修身之法，也是觉悟、明道、和谐之道不可或缺的途径。若舍弃克己只追求瞬时的领悟，将会误入歧途。禅宗祖师们的领悟都是经过长期的参悟，才能在某一瞬间豁然开朗。

所谓圣人，就是一个身心都非常合理的人，也就是孔子所说的"从心所欲不逾矩"。如果我们不走中庸之道，我们就会盲目地强调方式而忽视艺术，陷入诗人所说的伪主义。相反，如果一味地强调艺术而忽视道，就会痴迷于艺术而无法自拔，最终在艺术中死去。

孔子说"吾道一以贯之"。这个道是我们文化的灵魂，也是做人做事、成道成圣的最高准则。理解了这一点，我们就能理解经典，进入圣道；通过不断地遵循道，我们可以每天更新自己，把自己变成圣人。但是要理解和实践这个"道"并不容易！道是活的，不是死的；它是多维的，不是平面的；它是近与远、可见与隐藏、普通与神奇、过程与结果。它是人们通往幸福的光明之路，是人们安身立命不可或缺的法宝。只有在圣贤的指引下，一个人才能拥抱这一法宝，不偏离正道，只有经过一生的努力，才有可能达到孔子"从心所欲不逾矩"的完美状态。

美是一种选择，美就是回来做自己，知道自己应该以什么样的方式活着，这是大智慧。我们生活中的每一个细节其实都可以变成一堂美的功课。美在生活里的体现就是人怎么样回到最自然的状态，得到一种感性上的疏解。我相信在现代社会中，懂得这样去感受美的生命反而是竞争力最强的生命，因为生活绝不只是理性地考试，而是一种非常复杂、丰富、细腻的感觉。期待每一个人都能在自己的日常生活中完成美的功课，提高对美的感受力。

慢下来，倾听自己的心音，美可以变成一种救赎，提醒我们重新回到人之为人最本质的部分。

美，就是回来做自己。

参考文献

［1］ 袁禾. 舞蹈与传统文化［M］. 北京：北京大学出版社，2011.

［2］ 袁禾. 中国舞蹈美学［M］. 北京：人民出版社，2011.

［3］ 王畅. 现代舞教学课程［M］. 上海：上海音乐出版社，2013.

［4］ 付桂英. 体态礼仪与形体训练［M］. 北京：北京师范大学出版社，2010.

［5］ 杨坤. 芭蕾形体训练教程［M］. 北京：高等教育出版社，2009.

［6］ 王月. 形体礼仪与瑜伽塑身训练［M］. 北京：清华大学出版社，2012.

［7］ 唐满城，金浩．中国古典舞身韵教学法［M］．上海：上海音乐出版社，2004．

［8］ 杨孟瑜．回归身体［M］．生活·读书·新知三联书店，2013．

［9］ 南怀瑾．太极拳与静坐［M］．上海：上海书店，2014．

［10］ 金正昆．礼仪金说（应用篇）［M］．西安：陕西师范大学出版社，2011．

［11］ 胡兰成．中国的礼乐风景［M］．北京：中国长安出版社，2013．

［12］ 叶朗．美在意象［M］．北京：北京大学出版社，2010．

［13］ ［英］贡布里希．艺术的故事［M］．南宁：广西美术出版社，2008．

［14］ ［意］翁贝托·艾柯．美的历史［M］．北京：中央编译出版社，2011．

［15］ 李泽厚．美的历程［M］．生活·读书·新知三联书店，2009．

［16］ 钱穆．人生十论（新校本）［M］．北京：九州出版社，2012．

［17］ 钱穆．阳明学述要［M］．北京：九州出版社，2010．

［18］ 钱穆．中华文化十二讲［M］．北京：九州出版社，2012．

［19］　徐复观．中国艺术精神［M］．桂林：广西师范大学出版社，2007.

［20］　张世英．境界与文化——成人之道［M］．北京：人民出版社，2007.

［21］　蒋勋．艺术概论［M］．生活·读书·新知三联书店，2000.

［22］　蒋勋．美，看不见的竞争力［M］．北京：中信出版社，2011.

［23］　宗白华．美学散步［M］．上海：上海人民出版社，1981.

［24］　冯友兰．中国哲学简史［M］．北京：北京大学出版社，2013.

［25］　胡适．中国哲学史大纲［M］．长沙：岳麓书社，2010.

［26］　傅佩荣．傅佩荣易解易经［M］．上海：东方出版社，2012.

［27］　王蒙．老子的帮助［M］．贵阳：贵州人民出版社，2013.

［28］　王蒙．庄子的享受［M］．贵阳：贵州人民出版社，2013.

［29］　任详．传家：中国人的生活智慧［M］．北京：新星出

版社, 2012.

[30] 林语堂. 生活的艺术 [M]. 长沙: 湖南文艺出版
社, 2012.

[31] [英] 阿兰·德波顿. 写给无神论者: 宗教对世俗生
活的意义 [M]. 梅俊杰, 译. 上海: 上海译文出版
社, 2012.